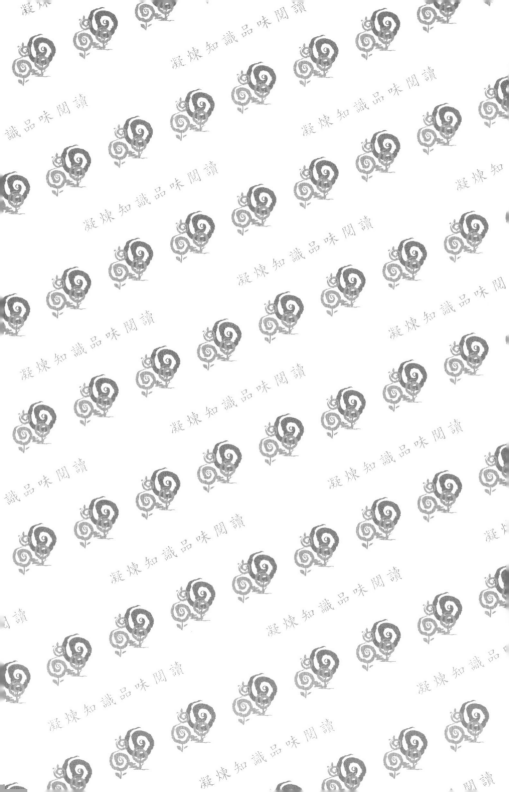

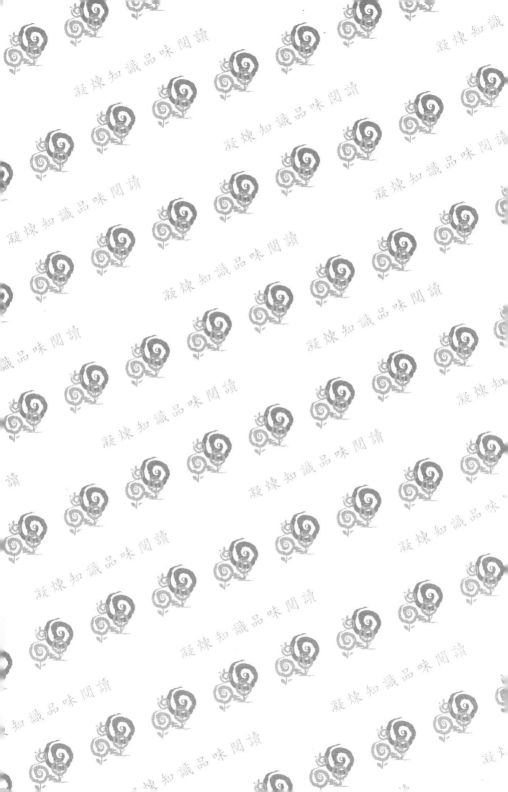

關鍵人才導引手冊

企業優質人才培育最佳教材

晉麗明——著

五南圖書出版公司 印行

序 言
眞心想飛，才能高飛

10個小故事為本書揭開序幕

想成為怎樣的人，由自己決定！

1. 爲自己的選擇負責任

　　大學期末考試，一位大三女同學繳卷時，送了一張卡片給我，卡片中她寫下這段文字：「選修這堂週六『早八』的課（每週六早上8點的課程），每次出門上課前都掙扎很久，但意志力與責任心還是戰勝了怠惰與懶散；整學期16堂課，都未缺席！」

　　這位同學一定會成功，不是因爲考試的成績，而是她在大學時期，就能展現「爲自己的選擇負責任」的態度。

　　很多同學連必修課都不一定出席上課，何況是週六上午8點的選修課！

2. 將不滿與挫折化爲學習的動力

　　私立大學的女同學覺得每學期5、6萬元的學費，實在太貴了；她決定善用學校資源，把學費「賺回來」，她定期到圖書館看完所有期刊雜誌，同時利用視聽教室學習語文，更不放過學校舉辦的各類活動與講座。以「賺回學費」爲學習的驅策力，讓她善用時間與資源，成功打造自己的多元能力！

3. 知識不是力量，執行才會產生力量

　　一位科技大學的學生，連續3年都發信感謝我，原因是一場「職場趨勢與大學生職涯規劃」的校園演講；他感受深刻，並將建議做法時時放在心上；由於身體力行有具體成果，所以表達謝意。

　　每每接獲同學對講座的肯定與致謝，都讓我對年輕人充滿信心；我相信，即使未來的挑戰嚴峻，但企圖心與恆毅力，終會引領社會新鮮人度過難關、邁向成功之路！

4. 重新出發，永不嫌晚

　　國立大學中文系畢業的女同學，出社會3年，終於體會「所學難以結合職場趨勢」的窘境；她痛下決心學習程式寫作，兩年後，以軟體工程師的資態重出江湖，很快達到年薪百萬的目標。

　　面對職涯瓶頸，痛下決心、重新歸零、打掉重練，是她致勝的關鍵因素！

　　衷心祝福轉型成功的文科生，在新興科技的嶄新領域綻放光芒！

5. 國際移動力，扭轉職涯劣勢

　　中部科技大學畢業的男同學，一出社會就面臨找工作的壓力與挑戰，接連幾份工作都不如意，他決定背水一戰，前往越南發展，花了兩年的時間到「政大越語中心」修習越南語。

這位大男生頂著流利的越語，成功被臺商延攬，從儲備幹部做起，很快就變成老闆的左右手，進入高年薪國際人才的行列！

6. 張忠謀對大學生的建言

晶圓教父張忠謀曾到輔大演講，他告訴同學在大學時期要學習養成3種能力，分別是邏輯思考、終身學習及謀生能力；聽講的同學們請張董事長選擇一個最重要的項目，張忠謀說「謀生能力」最重要。

親愛的大學同學及職場新鮮人，當你在驪歌聲中邁出校園，必須成為跳脫保護傘的小老虎，張牙虎爪的在叢山峻嶺中，搶占一席之地。

大學生及早與職涯接軌，培養職場競爭力，才能贏在起跑點！

7. 做困難的事，讓你無可取代

超微（AMD）執行長蘇姿丰2023年6月10日在清大畢業典禮，透過影片勉勵畢業生；她提到當她還是年輕工程師時，一位導師就建議她要「向難攻堅；不是走向難題，而是要跑向它！」（Run towards problems. Not walk, but run!）面對愈困難的問題，你愈有機會做出重大的正面影響。

同年7月20日，蘇姿丰獲頒陽明交大名譽博士學位，她鼓勵大學生：「要嘗試解決的不是今天的問題，而是明天的問題」；她期許大家「去挑戰最難處理的事，從中學習解決問題的能力」。

8. 努力奔跑，而不是緩慢前行

AI晶片霸主輝達（NVIDIA）董事長黃仁勳，其創業的成就備受世人肯定。

黃仁勳於2023年5月27日的臺大演講中，向畢業生說明創業期間，遭遇失敗的3個小故事，雖然這些挫折讓他羞愧與尷尬，但他回顧這段旅程，認為追求有前景的事業，承受痛苦與苦難是必要的。

他勉勵畢業生，要為理想努力奔跑，而不是緩慢前行；他提醒大家：「奔跑吧，不要慢慢走；記住，很多時候，你分不清楚是在奔走覓食，或是躲避被獵食；無論覓食或逃離，跑吧。」（Run, don't walk, either you're running for food, or running from being food.）

9. 成為自燃性人才

日本經營之聖稻盛和夫提出的人生方程式，很值得上班族朋友參考：

工作成果與成就＝思維態度×能力×努力。

稻盛和夫將上班族區分為3種人：

⑴ 自燃性人才：自發主動，全力以赴，對成功有強烈渴望，能達成超越期待的目標。同時也能產生正能量，來影響別人。

⑵ 可燃性人才：只要點火，就能引燃，可被積極正向的個人與團隊帶動成長。

⑶ 不燃性人才：內心冷漠、充滿負能量，也會向外潑冷水，除了個人不會成功之外，也會成為團隊的包袱與麻煩。

稻盛和夫認為：「一流人才，擁有追求成功的熊熊烈火，同時，懂得將壓力變成動力！」

10. 世代傳承，別妄自菲薄

我念書的時候，老教授經常指著我們的鼻子罵：「一代不如一代，你們真是沒救了」；但是，我們的世界卻日新月異、一日千里，世代傳承的力量與社會的發展，絲毫沒有呼應老教授的預言。

年輕人不要妄自菲薄，也不要被社會的批判與偏見擊倒；你們是未來的主角，嶄新的世界，等著大家盡情去揮灑！

真心想飛，才能高飛

◆ 為自己的選擇負責任
◆ 將不滿與挫折化為學習與動力
◆ 知識不是力量，執行才會產生力量
◆ 重新出發，永不嫌晚
◆ 國際移動力，扭轉職涯劣勢
◆ 張忠謀對大學生的建言
◆ 做困難的事，讓你無可取代
◆ 努力奔跑，而不是緩慢前行
◆ 成為自燃性人才
◆ 世代傳承，別妄自菲薄

目 錄 *Contents*

企業招募留才篇

第17章 關鍵人才知己知彼 —— 解析企業招募、留才思維

本書英文名詞或縮寫說明

英文	中文
AMD（NASDAQ）	超微半導體公司
offer letter	聘書；錄取通知
offer	錄取承諾
sorry letter	婉拒錄取通知
AI	人工智慧
know-how	知識；專業知識；技術
key talent	關鍵人才
head hunter	獵才顧問
E-mail	電子郵件
YouTuber	網紅；網路紅人
HR（Human Resources）	人力資源；本書則泛指人力資源部門、人事部門；人事管理、人力資源管理

環境篇

1-1 臺灣人才稀缺，企業爭搶人才

人才稀缺的時代，缺工嚴重的批發、零售及餐飲／旅宿業，人資主管面對無人應聘或是新人到職2、3天就離職的窘境，無奈的說出「只要是人就可以」的卑微期待！

即使是當紅炸子雞的科技產業，面對人才競爭，在招聘作業上，一樣遭逢嚴峻挑戰。

新興科技快速崛起，所有組織都朝數位化發展；各行各業為了搶奪理工人才，戰況十分慘烈！

為了延攬關鍵人才，金融業祭出高薪，招聘學／經歷俱優的MA（儲備幹部），藉由完整的培訓及輪調制度來儲備人才；護國神山台積電更是打著「預聘人才」的大旗，超前部署人才梯隊，提前招聘1年後畢業的理工科碩／博士生；全球最大的代工龍頭鴻海集團，除了代工業務之外，致力朝電動車、半導體等新領域發展，在大量人力的需求下，積極推動「新幹班」的培訓制度，以厚植人才戰力。

企業為了因應環境挑戰、實現永續經營的目的，竭盡心力布局人才，用「挖空心思」、「攪盡腦汁」、「無所不用其極」來形容人資人員面對招聘作業的積極作為，一點都不誇張。

讓我們從臺灣人才市場現況，剖析人才稀缺的原因；在群魔亂舞、百家爭鳴的職場中，找出自己的競爭利基，建構脫穎而出的成功方程式。

1-2　臺灣人力不足的原因

1. 高齡少子化

　　少子化已成嚴重的國安危機；根據國發會2022年8月的人口推估報告，2022學年度的大學入學年齡人口為21.9萬人，到了2040年將只剩下15.6萬人，遽降近30%。

　　教育部的統計，預計未來17年，自110學年度大學生首度跌破百萬人後，大學畢業生每年將年減1,000人，到116學年度，只有84.7萬人。

　　再從宏觀的視角來檢視臺灣工作年齡人口，由2022年的1,630萬人，推估到2070年，將減少一半以上，來到699至828萬人。

　　2026年臺灣即將邁入「超高齡社會」，逾65歲以上的人口將超過25%，而屢創新低的出生率，更造成近年「生不如死」的人口危機，這樣的情況不僅衝擊高教的招生員額，最重要的是企業人力匱乏，負向循環的人力資源，空前嚴峻！

2. 學用落差嚴重

　　教育體系未能對齊產業的發展，理工人才不足，文法商人才過盛，造成企業「無人可用」、新鮮人「找不到工作」的雙輸局面。

3. 企業互搶才

　　萬物聯網、5G、大數據、人工智慧等新興科技襲捲全球，

所有企業如果不能進行數位轉型，一定會被掃入歷史的灰燼中；在這樣的趨勢下，金融、科技、傳統產業、服務業都急需理工專業人才投入；軟／硬體工程師近年來更是身價暴漲。

企業在多元發展的策略下，「企業互搶才」的現象十分明顯；半導體產業南遷，中南部的傳統產業如臨大敵，因為大量人才湧入科技業；製造業及服務業哀鴻遍野，不僅人才招募亮起紅燈，連現有人力都保不住。

4. 人才國際化發展

臺灣是一個天然資源匱乏的海島型國家，企業與個人如果要突破限制、跨越地域、追求更大的成長與發展，「國際化」是一個無法迴避的選項。

1978年中國大陸改革開放後，臺灣企業大舉西進，全盛時期，有百萬臺灣人在中國工作，疫情後臺商大動作布局全球據點，南向越南、馬來西亞、泰國、印尼等東南亞國家的腳步十分積極。

臺灣人才在國際化的浪潮下，「高出低進」的現象，讓產官學界憂心人才流失造成的「國安危機」！

5. 國際大廠（侵門踏戶）爭搶人才

根據104雇主品牌團隊的分析，國際大廠Google、Apple、Facebook、Amazon、Microsoft 5大科技巨頭，積極在臺灣招募人才；此外，全球第三大DRAM廠美光（Micron）、戴爾科技

（Dell）及荷商ASML持續在臺擴大營運規模；近年進軍或加碼投資臺灣的日商則有：LINE、樂天、三井集團、伊藤忠集團、西武集團、JR東日本、千住電子、日立、壽司郎、一蘭拉麵等。

此外，來臺灣參加臺北國際電腦展（COMPUTEX 2024）的輝達（NVIDIA）執行長黃仁勳也表示未來將在臺灣成立設計中心，並在5年內至少招募1,000名工程師。

國際知名企業，不論是科技廠商或是民生消費服務業，青睞優質的臺灣人才，紛紛擴充臺灣據點，磁吸本地人才；國人不必出國，即可搭上外商的順風車；全球人才爭奪戰，直接在國境內開打。

6. 低薪助長獨立工作者及創業風潮

「創新工場」創辦人李開復說：「現在是創業成本最低的時代」；一臺筆電就能實現獨當一面、創業當老闆的理想；許多年輕人看到馬雲創建世界最大的電商平臺「阿里巴巴」；雷軍強調借力使力，「豬站在風口上，都能飛」的創業思維；一時間，網紅、自媒體、外送等個體戶的自僱工作者成為年輕上班族追逐的夢想。

7. 躺平主義與多元工作價值

現在年輕人與上班族的自我意識強烈且價值觀多元，他們由自己定義成功，不屈就社會的壓力與傳統認知。面對長期低薪的環境，「躺平主義」與「在職離職」成為職場的主流；這

群新世代族群，不認同工作是人生的重要選項，追逐自我的人生意義才是生命的主流。

8. 數位時代，AI取代人才是**趨勢**

因應人力不足及突飛猛進的新興科技，所有企業都朝數位化發展，工廠積極導入自動化設備，例行繁複的行政工作，也由AI取代。

生成式AI與智慧型機器人普及，大家已可預見未來人類的食衣住行育樂，都將面臨翻天覆地的改變；比人類智商高，與人們並肩作戰的機器人，扮演上班族亦敵亦友的角色；人力資源的內涵將被重新定義。

人才稀缺現象嚴峻，企業面臨空前的挑戰，更趨嚴選人才；年輕世代與上班族要了解職場趨勢、建立危機意識，致力成為「高含金量」的人才；在漫長的職涯中克服挑戰、逐夢踏實！

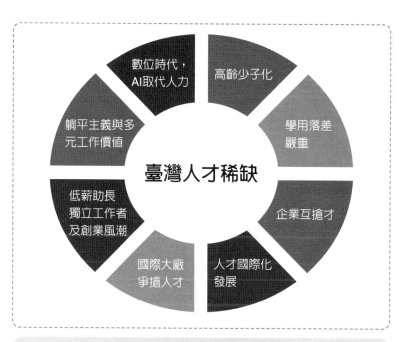

臺灣人力不足，人才稀缺的原因

省思與研討

1. 臺灣人力資源面臨的挑戰。
2. 如何解決企業人力不足的問題？
3. 自己的所學及專業，在人才市場的優／劣勢為何？

2-1　企業找不到人才，上班族工作難覓

　　根據《天下》「兩千大CEO調查」結果分析：2023年科技與傳統製造業有超過55%營收與獲利爲負成長；但是，2024年仍有8成企業會爲員工進行調薪，因爲保有人才，是翻身的籌碼！

　　此外，針對「臺灣經商難題」的回饋意見，CEO除了憂心「兩岸關係變數」外，排名第二的竟是「人才稀缺」問題：從金融、服務、傳產到科技製造業，都聚焦在人才不足、缺工、勞動成本上升等議題上，這些CEO、大老闆們期待政府能夠設法解決人才缺口的燃眉之急！

　　104人力銀行刊登的職缺數量，突顯企業的招募困境；工作職缺數飆升到百萬以上，但是「企業找不到人才，上班族找不著工作」的現象，愈來愈嚴重。

　　人才供需失衡，企業招募天數不斷攀升，根據104的統計資料顯示，2022年一般職缺的招募天數爲47.7天，較2021年的45.5天，多了2.2天。而主管人才則從61天，拉長到了61.6天。此外，企業招聘作業的面談到職率僅約20.6%（到職人數／面談人數）。

　　人才稀缺現象，會讓工作變好找嗎？上班族可能要失望了！

	整體招募成效 (註)、人才平均招募天數		自願性離職率
2021年	2021年通知面談的人員裡有**21.7%**會成為企業新員工	人才平均招募天數 **45.5**天	12.8%
2022年	2022年通知面談的人員裡有**20.6%**會成為企業新員工	人才平均招募天數 **47.7**天	19.9%

註：整體招募成效：面試到談率×錄取率×新人報到率

資料來源：104【2023人資F.B.I. 研究報告】

人才難覓，招募天數攀升

2022年 企業招募成效指標	整體市場
面試到談率	**68.4%**
錄取率	**41.7%**
新人報到率	**72.3%**
主管職人員 平均招募天數	**61.6**天

由上列3項數據計算，企業新人面談到職率僅約20.6%

資料來源：104【2023人資F.B.I. 研究報告】

企業面談到職率約為 20.6%

　　面對詭譎多變的競爭環境，即使人才難覓，企業仍不斷拉高徵才的門檻與條件；同時，科技取代人力已是現在進行式；

重複及例常性工作將由人工智慧及系統代勞，那麼企業的人才策略是什麼？

2-2　企業聚焦兩種人

全面導入自動化及人機互動的時代來臨，許多工作快速被取代；世界經濟論壇估計，2025年機器人將取代8,500萬個工作崗位，應運而生的新工作，需要專精的知識與技能才能勝任。

大數據及高速演算法，促使組織層級大幅縮減，也讓組織人力結構產生質變；科層式的組織架構面臨調整，去中心化、多元任務導向的專案型組織將成為主流。

在這樣的趨勢下，未來組織將由兩種人組成，一是「能整合資源的主管」，二是各個領域的「關鍵人才」。

承上啟下的基、中層主管將因為「及時數據」及「人工智慧」，導致功能式微；基層人員的工作則大多交給機器人處理。

繼「關燈工廠」之後，辦公室也不需要照明，因為大部分人力將由AI擔綱演出。

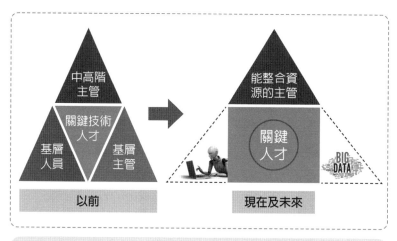

以前   現在及未來

企業聚焦兩種人

2-3　公司找「能做」且「願意做」的夥伴

　　企業延攬人才的宗旨，就是要能達成任務、創造績效；而「能做」、「願意做」則是公司與員工共創雙贏的兩個關鍵因素。

　　「能做」的內涵是有足夠的知識與技能；「願意做」是符合企業文化的個性特質與動機，兩者相互融合，才能激發工作熱忱、創造績效！

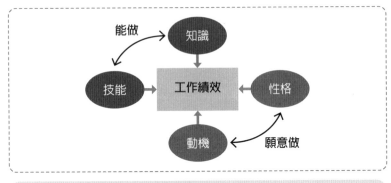

企業組織選擇「能做」、「願意做」的人才

標榜「零規則」、強調「自發主動」的網飛（Netflix）重視組織成員是否具備9項職能：

⑴判斷力；⑵溝通；⑶衝勁；⑷好奇心；⑸創新；⑹勇氣；⑺熱情；⑻誠實；⑼無私。

亞馬遜（Amazon.com）創辦人傑夫‧貝佐斯（Jeff Bezos）1997年致股東信中提到：「吸引及維持一群擁有強烈工作動機的員工，將影響我們的成敗；他們每一個人在想法及實際行為上，都必須像企業的所有者」；具備「員工身、老闆心」的態度，不謹成就公司，也可以成就自我！

《零規則》一書，揭示Netflix重視組織成員是否具備9項職能

2-4　打造巨星團隊，人才寧缺勿濫

　　Netflix揭示企業與員工共同發展的關鍵因素：「要扼殺一位員工技能的進步，那就給他一群平庸的同事和無挑戰性的工作。」

　　「讓員工身邊充滿耀眼才華的同事」是成就偉大事業的基礎，企業期待找到具備「當責」態度及「超群」能力的工作夥伴！

　　面對混沌未知的挑戰，企業嚴選人才，人才提升含金量是無法逆轉的趨勢！

省思與研討

1. 面對人才稀缺的挑戰，企業找什麼樣的人才？
2. 企業如何布局人才拼圖，找找實際的案例。
3. 如何讓自己成為企業需要的人才？

關鍵人才篇

第3章

關鍵人才的定義

3-1　何謂關鍵人才？

　　簡單來說，關鍵人才就是被賦予企業或組織內最重要且關鍵的任務，也就是：「公司不能沒有的人才」，例如：為公司「開疆闢土」的業務戰將，「從無到有」發展新商模、新產品的研發人員，提升製造品質、改善製程，如期如質交貨的製造生產人員，分析企業營運績效，從財務報表中找出經營問題，引領決策的財務人員，以及致力留任及延攬新血，打造人才密度的人資人員，都是企業營運發展過程中，十分倚重的尖兵悍將！

　　既然成為組織的關鍵人才是職場新鮮人及上班族努力的目標，那要如何界定關鍵人才？

　　企業運作的過程中，可由工作分析與評價，來評估推斷哪些關鍵職務，必須招聘及培養關鍵人才，以達到組織營運及創造績效的目的。國內知名人資專家蘭堉生老師，詮釋企業關鍵人才的定義如下，提供大家參考。

　　⑴ 哪些工作對於組織而言，是最不可或缺的？

　　⑵ 哪些工作的風險管理較高、最不可輕忽？

　　⑶ 從工作評價的角度來看，知識與經驗的需求何者較高？

　　⑷ 哪些工作的複雜度、困難度與精準度的需求較高？

　　⑸ 哪些工作需要面臨的決策與負面衝擊影響可能性最大？

　　⑹ 哪些人才，在市場的供需中不易取得？

① 哪些工作對於組織而言，是最不可或缺的？

② 哪些工作的風險管理較高、最不可輕忽？

③ 從工作評價的角度來看，知識與經驗的需求何者較高？

④ 哪些工作的複雜度、困難度與精準度的需求較高？

⑤ 哪些工作需要面臨的決策與負面衝擊影響可能性最大？

⑥ 哪些人才，在市場的供需中不易取得？

企業關鍵人才的定義

3-2 企業網羅關鍵人才的原因

1. 站在企業運作的角度來看

在企業營運中不可或缺的職務，大家普遍理解的是，研發、業務、生產製造、採購，或是資訊系統建置、財務分析、行銷、社群經營等；依產業屬性雖有所不同，但與企業營運密切相關，攸關組織成敗，則是共同的認定標準！

2. 站在專業知識與技能的角度來看

金融業需具備多張專業證照才能提供服務；醫師、會計師、律師要取得執照才能執業；人力仲介機構的從業人員（依《就服法》規定比率）須取得「就業服務乙級證照」；此外，更多科技、製造產業的技師、老師傅，雖然沒有一紙證書，但獨門知識（know-how）與經驗，絕對是組織不可或缺的要角！

3. 站在經營風險的角度來看

環保、公安、稽核、資訊安全、法遵等影響組織風險控管的職務，是企業安全的守護神，這方面的人才也屬於企業重視的關鍵人才。

4. 站在工作分析及工作評價的角度來看

從人力資源管理角度來思考，為達成企業營運的願景與目標，規劃設計組織及職務，同時制定嚴謹的工作說明書及工作規範，才能有條不紊的招聘合適的人才。而團隊成員的薪酬及獎金，則倚賴工作評價，衡量對組織的價值與重要性來訂定。

「關鍵人才」扮演對企業營運高度影響及連結性的角色。

5. 站在未來競爭的角度來看

生成式AI的長足進步，促使人機互動的時代來臨，許多中小企業接軌新科技的資源與能力不足，為了因應未來的趨勢，人才的儲備刻不容緩！

6. 站在人才供需的角度來看

人才供給與需求的問題十分複雜，不光只是大環境的問題，也有個別企業的差異。

就整體人才市場的觀察，工程師的供需失衡，所以每家企業都十足呵護現有的人力資源；此外，連鎖藥局數量超越便利商店，藥師的搶奪戰也火熱開打！

如果企業所在位置交通不便、地處偏遠，人力資源難以獲取，那麼願意與組織共同打拚的員工，都值得珍惜！

7. 站在經營者及主管的角度來看

個別企業經營者對人才的重視度不同，例如：有位老闆特別注重公司的門面與形象，嚴格遴選總機接待人員，並核給高薪及提供專業訓練，這位總機接待人員，在這家公司，就屬於個別組織認定的關鍵人才。

8. 把事情「做到完美」，人人都能成為「無可取代」的關鍵人才

未來的組織、企業用人審慎，每位員工都非常重要，組織機能的運作環環相扣，完全沒有冗員；因此，關鍵人才的定義將擴大解釋，只要具備正確觀念，能將專業轉換為具體的績效，在工作崗位上，不僅「將工作做完」，還能「把工作做完美」；那麼，人人都會是企業珍視的關鍵人才。

3-3 不是擔任關鍵職務，就是關鍵人才

要澄清一點，「不是擔任關鍵職務，就能成為關鍵人才」；我舉《零規則》書中的例子與讀者分享，里德‧海斯汀（Reed Hastings）說：「最優秀工程師帶來的價值不只10倍，而是百倍」，微軟創辦人比爾‧蓋茲（Bill Gates）也說：「好的軟體工程師的身價是普通工程師的一萬倍」，在「搖滾巨星法

則」（rock-star principle）的實驗證明，9位具備一定水準的工程師同場較勁，最優秀者的表現較最差者，編碼速度快了20倍，除錯速度快了25倍，程式執行速度快了10倍！

功能別的職務如果沒有具備專業力與企圖心的人才來擔綱，很難發揮工作綜效！

所有企業都印證了這個現象，優秀業務戰將的業績表現，較一般人員高出5至10倍；卓越研發人員能創造滿足客戶需求的產品與服務，類似的例子不勝枚舉；這就是為什麼企業傾全力發掘關鍵好手的原因；因為「一夫當關，萬夫莫敵」才是組織打造頂尖團隊的終極目標。

職場上班族應該可以體會，優質人才的強大氣場與影響力！

Netflix傾力延攬人才、打造組織的「人才密度」，因為差強人意的員工會拉低團隊所有人的表現，這些平庸員工會造成下列不利的影響：

⑴ 耗盡主管心力，主管照顧優秀員工的時間減少。

⑵ 降低團體討論品質，拉低團隊的總體智商。

⑶ 迫使其他人必須養成另一套方法與他們共事，損害效率。

⑷ 劣幣驅逐良幣，迫使追求卓越的人離職。

⑸ 形同告訴團隊，你能接受庸才，使問題更加複雜。

（資料來源：《零規則》p.28）

公司投注資源在關鍵人才身上，以打造高效組織；Netflix認爲人才是組織最珍貴的資產，也是企業成長茁壯的動力，致力組建夢幻團隊，成就了Netflix成爲全世界最大的影音串流平臺的願景與使命。

3-4　誰是明日之星？

人資主管具備辦識人才的獨到眼光，他們經常告訴我：「可以在新人進公司的1個月內，判定誰是明日之星！」

閱人無數的職場伯樂，心目中的千里馬，究竟具備何種能力與特質？足以在入職的30天內，就展現強大的潛能，被欽定爲重點培育的人才；這些明日之星的「硬技能」與「軟實力」絕非一蹴可幾，值得大家一探究竟！

1. 現代上班族須精進7種能力

對於有工作經驗的上班族而言，爲了持續擁有工作舞臺，最佳的做法是持續進修充電，讓自己精進以下7個能力：

(1) 雙語能力：以英語爲例，現今職場有6成以上的工作機會，要求上班族具備英文能力。

(2) 業務能力：從事業務工作可以培養職場重視的溝通表達、商業談判、客戶經營等能力。

(3) 電腦應用能力：面對企業e化，以及資訊化時代來臨所必備的能力。

⑷ 財務報表閱讀能力：對於公司的財務管理保有基本的掌握能力。

⑸ 專業能力：具有單一或多個專業證照的實力。

⑹ 外派經驗：接受國際市場的歷練，提升管理技巧。

⑺ 態度競爭力：具有工作熱忱、挫折忍受、壓力調適等人格特質。

現代上班族須精進7種能力

2. 未來人才，3招強化競爭力

臺大葉丙成教授是國內推動翻轉教育的重要推手，他提出未來人才須具備3項條件，靠著這3個法寶，能讓上班族破繭而出、天蠶再變！這3個值得省思的要件是：

⑴ 洞悉趨勢：了解產業及組織面對新科技、新知識的變遷與因應對策。

(2) 自學關鍵技能：在可預見的趨勢環境中，自學含金量高的知識與技能。

(3) 開創新商模：運用科技與知識，建立或改善商業模式，提升競爭力。

未來人才，3招強化競爭力

省思與研討

1. 企業關鍵人才的條件是什麼？
2. 企業為什麼要延攬關鍵人才？有哪些實際的案例？
3. 如何培養自己成為含金量高的關鍵人才？

成為關鍵人才
有哪些好處

4-1 成為企業關鍵人才的8大好處

只有少數上班族得以升任高階主管；但是，人人都可以在工作崗位上成為受老闆器重、同僚尊敬的關鍵人才！

成為關鍵人才的好處有以下幾點：

1. 薪資、福利高人一等

根據人力銀行的調查報告顯示，上班族求／轉職，最在意的就是薪水，關鍵人才是企業倚重的對象，薪資自然高人一等；企業對優秀年輕工程師祭出百萬年薪；將客戶侍候得服服貼貼的業務人員，也因為替企業創造收入與金流，成為口袋「麥克、麥克」的高薪一族。

2. 加薪、晉升比別人快

關鍵人才受企業矚目，除了加薪之外，晉升之路也更為順遂。

什麼樣的人會被提拔為主管？答案是：「像主管的人」；行為舉止像主管、溝通協調像主管、工作態度像主管、績效展現像主管；而關鍵人才就具備這樣的氣質與能力。

能成為企業重點培育的人才，升任主管的機會自然會高出很多！

許多各領域的優秀人才，30歲就在上市（櫃）公司擔任主管要職，年薪達到150-300萬元。

「英雄出少年」的例子比比皆是，大家不要甘於平凡，努力衝刺職涯發展，才是對自己負責任的表現！

3. 參與重要任務與專案的機會多

攸關營運管理的重要專案，通常都由主管遴選團隊成員加入；而主管邀約的對象，一般都是績效良好、精熟作業流程、績效卓著的同仁；這些人員，有機會與高階主管及外部專業人士共同合作，除了增進能力與視野，也可藉由密切互動，彰顯競手優勢。

4. 受到老闆與主管的重視

什麼樣的人才，能得到主管關愛的眼神？自然是攸關企業成敗、認真負責、創造績效的員工。

關鍵人才就符合這樣的屬性；千里馬需要伯樂的賞識與提攜！

5. 成長學習的機會多

企業資源有限，必須集中火力聚焦重點人員，關鍵人才將會得到更多訓練養成的機會！有規模的企業訂定關鍵人才（key talent）的遴選與培育計畫，以儲備各職務與領域的接班人。

6. 工作有自信及成就感

上班族除了在意薪水及工作保障之外，得到賞識與尊重是非常重要的激勵因子！美國著名心理學家威廉·詹姆斯（William Iames）曾說：「人類本性中最深的企圖之一是期望被讚美、欽佩與尊重。」

能夠展現價值的關鍵人才，可以得到主管的重視及同儕的尊敬，從而獲致成就感與自信心，讓自己的職涯充實又圓滿！

7. 跳糟及被挖角的機會增加

各行各業都在延攬具「即戰力」的關鍵人才，而受企業委託「量身訂做」、「主動出擊」的獵才顧問（headhunter）更無時無刻不在挖掘各方好手；在工作中練就一番好身手，憑著一身好本事，隨時都能在職涯中左右逢源、更上層樓！

8. 奠定創業的基礎

每位上班族都希望有朝一日能擺脫「寄人籬下」、「仰人鼻息」的打工生活，蛻變為獨立自主的創業家；如果你能在工作中表現卓越、超越組織的期待，同時訓練自己獨當一面的執行力，終究能開創屬於自己的事業！

本書對於關鍵人才的定義，即是觀念、特質與行動力都傲視群倫，能成就團隊，也能成就自己的職場生力軍。

1 薪資、福利高人一等	2 加薪、晉升比別人快
3 參與重要任務與專案的機會多	4 受到老闆與主管的重視
5 成長學習的機會多	6 工作有自信及成就感
7 跳糟及被挖角的機會增加	8 奠定創業的基礎

成為企業關鍵人才的 8 大好處

省思與研討

1. 成為企業關鍵人才，有哪些好處？
2. 驅使你成為關鍵人才的原因是什麼？
3. 哪些職場上成功的關鍵人才案例，值得效法？

第5章

高度競爭與劇變的環境

5-1　　上班族面臨的10大挑戰

5-1　上班族面臨的10大挑戰

22歲步出大學校園的職場新鮮人，依法定退休年齡65歲來計算，需在職場打拚43年；若考量「高齡少子化」現象及個人生計因素，延長工作時間到70歲，已成為世界各國公認的趨勢。

物聯網、5G、大數據、人工智慧、AR、VR等新科技與新商模，正翻天覆地的影響你、我的工作與生活，這場人類史上最重大的變革，正在快速的進行中。

「求知若渴，虛懷若谷」（Stay hungry, stay foolish），這句凱文‧凱利（Kevin Kelly）的名言，值得所有人加以省思；誰能成為駕馭時代的明日英雄，大家都在拭目以待！

面對改變，上班族必須洞悉環境的變化，同時加緊練功、強化專業力，才能在職場上擁有定位，並且無可取代。

1. 人工智慧追著你跑

2017年5月27日，中國棋王柯潔與人工智慧圍棋軟體AlphaGo對奕，結果3戰皆墨，柯潔面對沒有情感波動、沒有缺陷的強大對手有感而發：「與AlphaGo間存在巨大差距，一輩子都無法超越它」；人工智慧的高度發展，給予人類無限的想像空間。

日本軟體銀行創辦人孫正義， 2024年6月21日在東京舉行的軟銀集團（SoftBank Group）第44屆股東會上預言：「比人類聰

明1萬倍的AI，將在10年內出現。」許多人擔心機器人除了全面取代體力勞動的藍領工作外，富於學習及除錯能力的人工智慧也將敲響白領工作者的喪鐘；這些科技的發展，對於新世代年輕人而言，是威脅也是機會。

2023年橫空出世的ChatGPT將生成式AI的驚人成就，具體展現在世人眼前。

ChatGPT取代人力已是現在進行式，歐美企業因應新興科技崛起，開始大量解僱員工；創新工場創辦人李開復先生預言，10年內50%的白領工作將被取代；馬斯克（Elon Musk）也呼應圖像AI生成實驗室Midjourney創辦人David Holz的預測，到2040年，地球上估計會有10億臺人形機器人。

善用科技，與人工智慧共舞，是未來發展的趨勢；面對傳統與科技融合、衝撞的新世界，所有人都站在新時代的起跑點；年輕人要善用巧思，搭配新知識、新技術與新商模，勇敢開創新天地！

上班族朋友們，面對「亦敵亦友」的人工智慧，你必須跑快一點，否則恐無立錐之地。

2. 軟體戰爭全面開打

臺灣產業一直是以硬體代工為主，在大陸及新興國家的急起直追下，硬體製造淪為成本的競賽，利潤愈殺愈低；「軟體」與「服務」是未來新經濟的主流，在軟體領導硬體的時代，軟體工程師成為最搶手的人才！

2024年2月14日中時新聞網報導指出：「軟體人才供需失衡，不利產業長期發展！」

根據人力網站統計，一個軟體工程人才，平均有2-3個工作機會，人才市場上掀起激烈的搶奪戰；有工程師反映，一開啟網路平臺的履歷表，30分鐘內，就有6家公司電話邀約面談，嚇得他趕忙關閉履歷。

過去軟體人才多半是在資訊服務、軟體及雲端等公司任職；但近年來，各行各業啟動數位轉型，包括科技業、金融業、製造業、生技醫療業、批發／零售業，都急需延攬大量軟體人才；尤其自2023年開始，AI（人工智慧）帶動科技產業轉向大數據、生成式AI及資訊安全，軟體工程人才更是炙手可熱。

各行各業瘋狂搶奪軟體研發人才；美國、新加坡及臺灣等各國政府，已將程式寫作納入中學生的基礎課程。

如果不想背離物聯網、大數據與人工智慧的趨勢，無論你是什麼專業，開始練習寫程式吧！

3. 職場無國界，成為國際人才是時勢所趨

全球化思潮風起雲湧，企業與個人必須將國際化視為必然；臺灣的新世代，要與大陸、香港、韓國、日本、新加坡、馬來西亞、泰國、印度，甚至歐美的年輕人競爭，職場將上演「千軍萬馬搶過獨木橋」的場景，人人都要在激烈的競爭中努力求生存。

104人力銀行曾分析臺灣人才的國際化發展狀況，發覺以臺灣為中心，直徑1,000公里的國家都有上班族的足跡！

　　年輕人要勇敢與國際接軌，爭取出差及外派的機會，加強「外語力」與「國際移動力」，拓展職涯的空間與舞臺。

　　如果你希望付出與所得對等，如果你想出海當大魚，不甘屈就小池塘，你的視野不能只侷限在小小的臺灣。

4. π型人才是職場主流

　　產業與人才的跨界發展，上班族需要多元的知識與能力，才能符合職場所需；未來是「π型人」的時代，多元專業是工作的基本條件。

　　年輕學子除了認真思索未來要投入的領域與方向，也要培養多元的能力，例如：在主修的專業之外，語文、資訊、管理、行銷，都可以涉獵；藉由廣泛的學習，培養不同職能，建立跨領域工作的基礎。

　　根據史丹佛大學心理學教授卡蘿・杜維克（Carol Dweck）研究發現，認定自己做不到的心態，可能讓你真的停滯不前。相反地，相信努力與專注，也就是擁有「成長心態」的人，能夠努力不懈、持續進步。

　　在這瞬息萬變的時代，學校教育已無法滿足企業的人才需求，自發主動的年輕人與上班族，不要仰賴學校與公司提供資源培育你：「自己培養自己」、努力做好準備，才是生存的王道。

5. 現在是超級專業的時代

　　從小到大，父母與師長不斷的耳提面命，要我們做一個專業的人；果然，大家都帶著自己的專業技能投入職場，在人人都專業的情況下，你很難在人群中勝出。

　　大家必須提升對專業的認知，擁有專業已無法在職場立足；必須達到「超級專業」的層次，才能與人一較高下。

　　湯姆・卡洛斯（Tom P. Carlos）在《做對自己》一書中提到，成功是一種結果，成長是一個過程；蘇聯作家馬克西姆・高爾基（Maxim Gorky）說：「經常不斷地學習，你就什麼都知道。你知道的愈多，你就愈有力量。」只有不斷地學習與實踐，成功才會一直運轉下去。

　　今日職場競爭更甚以往，兼顧極佳能力與正確態度，才能遠離淘汰！

6. 準時，是落後的開始

　　面對百倍速、千倍速的新時代，管理與速度決定勝負！

　　許多上班族無法適應節奏快速的職場生態；科技不斷超越人類的想像，工作速度已被重新定義，「準時，就是落後」，你必須跑得又快、又穩。

　　年輕人有很多的想法與抱負，但是往往自我管理的驅動力不足；「自律」是成功的重要特質，成功者的自我管理能力總是高人一等。

「速度」是成功的重要關鍵；資訊爆炸的時代，科技與知識的進步快的出乎想像，想成就事業，別忽略「速度」的重要性。

渾渾噩噩、生活鬆散的上班族，趕快醒醒吧！

7. 打群架，才有勝算

根據統計，年輕人創業的失敗率是99%。

如果你身上流著創業的血液，千萬不要單打獨鬥，要集結一群「志同道合」的人共同打拚！

沒錢沒勢的馬雲號召18羅漢，靠著集體的力量，拚搏出阿里巴巴的企業王國；職場上班族在工作職場，別忽略了人脈經營；要開創事業，打群架才有勝算！

8. 選擇與努力互為表裡

選擇與被選擇，是職場上班族求職、轉職必須面對的挑戰；每一段職涯的抉擇，可能正確，也可能錯誤，若能積累經驗，結合自己不同階段的狀況與需求，就能理出可行的方向。

職場專家對於「選擇」與「努力」孰重孰輕，有很多的論述與建議；不論是從自我定位、環境狀況、設定目標、結局後果，都提供上班族衡量及決策的參考；數十年的職涯過程中，選擇產業、公司、工作、老闆、同事與朋友，選擇做什麼、學什麼，要會爭取，也適時放手。

查理・蒙格（Charlie Munger）說：「關於選擇，我想告訴大家，凡是我不感興趣的事我這輩子幾乎都做不成。我不認

為整天做自己沒有興趣的事會成功。人一定要做自己感興趣的事，不喜歡的事再怎麼逼自己也做不好。」

人生就是不斷選擇的過程，只有強大到足以抵抗風險與挑戰，才能真正隨心所欲！

9. 沒有工作與生活平衡這檔事

上班族喊得震天價響的「工作與生活平衡」，其實並不存在；現在是工作與生活交融、動態平衡的時代，你必須盡快找到符合志趣發展的方向，同時「選你所愛，愛你所選」。

如果無法提供價值，只貪圖虛無飄渺、不切實際的「工作與生活平衡」，只能證明你還未找到人生的方向；大前研一說：「專業從下班後開始」，能夠「義無反顧、無怨無悔、付出熱情」向理想邁進，工作與生活會變得多采多姿，並且充滿激情與鬥志。

10. 別猶豫不決，行動才是王道

媒體披露，巴菲特（Warren Edward Bufett）的辦公室，掛著一幅卡內基老舊的結業證書，記者好奇地問巴菲特，卡內基的課程眾所皆知，既然是已經知道的內容，還能派上什麼用場？

巴菲特說：「都知道和實踐過是兩件事！」

職場上班族只有少數人能夠步入成功的坦途，這是職場的鐵律，因為「很多事大家都知道，卻只有少數人做得到」，沒有執行力的加持，人們只能得過且過、虛度光陰。

展現「即知即行」的行動力，10年後的你，絕對會感謝現在的幡然覺醒。

上班族面臨的10大挑戰

省思與研討

1. 上班族面臨的挑戰有哪些？
2. 哪些新興科技會影響上班族的工作機會？
3. 關於「工作與生活平衡」，你的解讀是什麼？

第6章

關鍵人才的觀念
與態度

6-1　關鍵人才最重要的10個觀念與態度

　　各行各業的成功人士都提醒我們，正確的「觀念」才是功成名就首要的課題；大陸新東方的知名銷售主播董宇輝說：「人從來都是信念問題，不是方法問題」；享譽國際的漫畫家蔡志忠在演講中強調：「父母帶給我們軀體，我們則要自己『改變觀念，重生一次』」，他認為：「正確的初衷很重要，可以自我加持，也可以成為燈塔」，「努力」只比「不努力」好一點，要會思考才有用。

　　邏輯思維創辦人羅振誠直接點出：「現代人的趨勢認知與自我行為背離」，了解很多的現象與危機，卻沒有對應的舉措與方案。

　　年輕人要成為企業倚重的關鍵人才，務必省思下列10個重要觀念，同時在行動中實踐。

1. 你是人才，還是人力？

　　上班族都認為自己是人才，當企業調薪及晉升的對象不是自己，就會恍然大悟，原來公司與自己的認知不同。

　　「你是人才，還是人力？」不是自己說了算，要靠主管及同儕來驗證。

　　組織需要人才，也需要人力；你是人才，公司賦予責任與權力，晉升調薪會優先考慮你！

成為人才或人力，對於個人成長及職涯發展，有著天壤之別。

我們一生投入工作的時間長達3、40年，如果不能在工作中有所斬獲，得到認同與尊重，損失最大的是自己。

力爭上游、迎接挑戰、超越組織與主管的期待，你就會從「人力」蛻變成「人才」。

2.「專業」與「績效」讓你無可取代

對於專業的檢驗，最直接有效的方法，就是審視績效與成果；能產出卓越績效，專業就能發揮價值；如果無法做出成績，你的專業能力可能尚需補強。

大前研一說：「一個人下班後的4小時，決定了他人生的發展、成就和命運。」

當我們投注熱情在工作上，願意用時間換取經驗，就能塑造專業力，並成為特定領域的專家；企業樂於祭出優渥薪酬，禮聘擁有專業知識的關鍵核心人才。

比爾・蓋茲（Bill Gates）曾說：「這個世界不會在乎你的自尊，這個世界期望你先做出成績，再去強調自己的感受。」

3. 把「優秀」當作習慣

有運動習慣的人，可以形塑優美的體態並保持健康的身心；有閱讀習慣的人，能博覽群書，增長知識與智慧；而把「優秀」當作習慣，則能縱橫職場、無往不利。

「優秀」是一種習慣，從職場中可看出端倪；表現優異的同仁具備強烈企圖心，總是想方設法把工作做到120分，他們受到公司與主管的器重，在職場上傲視群倫。

　　招聘市場上，企業希望聘用「有成功故事」的人，因爲擁有優秀特質的人才，不論到哪裡，都表現的可圈可點。

4. 對自己要求高一點

　　「服務爲王」的時代，人們「愈來愈懶惰」！曾經在課堂上調查大學生的競爭力，有同學在問卷寫下：「因爲多數同學不努力，所以容易成功！」

　　蘇姿丰接任超微半導體（AMD）執行長時，在公司內部發表談話強調：「我有非常高的標準，我只喜歡贏（I love to win）。」

　　成功的上班族必須有強烈的企圖心，同時對自己「要求高一點」。

　　任何事，能多盡一點努力，多用一分心思，匯集的力量就可以展現力量、撼動職場。

5. 重視細節，把事情做完美

　　企業交相征戰的時代，各項產品與服務都有人做，能夠勝出的關鍵是「細節」；人們之所以喜歡日本的電器與食品，是因爲日本人擅長以細節來創造優勢。

眾多手機品牌中，蘋果一枝獨秀，銷售獨占鰲頭，蘋果歷代手機的外觀設計幾經變革，手機四邊的弧度造型，展現嚴謹計算的細節競爭力。

21世紀，企業與人才的優勢來自「細節」，不能只把事情「做完」，還要將工作「做完美」！

6. 練習「5少5多」

104創辦人楊基寬，提出「5少5多」的原則，作為上班族的5項練習重點：

新人剛進公司，凡事都在學習，練習的第一件事是「少不多是」、「少講多聽」。

升任中堅幹部後，要練習「少我多你」；多聽他人的意見、站在對方立場看問題。

成為高階主管，則要練習「少舊多新」；創造新的格局，不墨守成規。

當能夠獨當一面，創立自己的事業時，要奉行「少會多讀」的精神，保持謙沖為懷、不斷學習的態度。

7. 把自己當品牌經營

現在是「忠於工作」、「忠於自我」的時代，大家必須將自己當成公司來經營；日本職涯作家Moto在其著作《個人無限公司》中提到：「在未來的時代裡，不論是公司或是組織，都不可能保障我們的職業生涯；自己只能靠自己守護！」

上班族若能建立「經營自我品牌」的觀念，工作態度就會不同；遇到困難會全力以赴、不抱怨與批評，也不會逃避責任；因為擦亮自己的招牌，才是工作的目的與價值。

要把自己當品牌來經營，須做到兩件事：

第一、為自己工作：翻轉工作思維，從為「金錢」、「老闆」、「生活」工作的傳統思維，轉換到「為自己工作」的新境界。

第二、員工身，老闆心：104創辦人楊基寬認為「員工不是為老闆上班，而是為『原則』工作」，他將這種工作態度，稱為「員工身，老闆心」；用創業者的思維來工作，而非終日朝九晚五，為五斗米折腰。

只要練就一身好本領，就能靠卓越的品牌力，成就非凡的事業。

8. 擁抱困難，解決問題

工作的價值來自解決問題，處理的問題愈大，成就愈大；我們不能迴避問題，而是要擁抱問題。AI女王蘇姿丰一直在半導體領域發展，2012年，她在AMD營運最慘淡時加入，兩年後，2014年她成為AMD史上第一位女性執行長；蘇姿丰表示，成功的關鍵少不了運氣，而創造自己的運氣（make your own luck）的方法，就是「找到世界上最困難的問題，並解決它」。

9. 從傳統處創新

一般企業與個人的資源有限，很難造就巨大的改變；即便如此，卻必須努力挑戰「從傳統處創新」的目標！

雜貨店注入了通路與服務的因子，成就了臺灣的超商傳奇；將咖啡與品味及生活結合，創造了星巴克（Starbucks）與路易莎；把書香融入百貨經營塑造了誠品；腳踏車與休閒結合昇華了捷安特；在傳統中加入了創新的元素，能夠賦予企業新生命。

「從傳統處創新」的意涵是：不拘泥於現狀，將既有的事務，加以改善；集合小差異，成就大創意，將不同的元素巧妙結合，可以開創嶄新的藍海商機！

10. 以苦為樂，堅持不放棄

馬雲原是杭州西湖邊的一位英文老師，他考了3次大學才被錄取，他說：「實踐理想沒有退路，最大的失敗就是放棄。」

「永遠不要跟別人比幸運，我從來沒想過我比別人幸運，我也許比他們更有毅力，在最困難的時候，他們熬不住了，我可以多熬一秒鐘、兩秒鐘」馬雲成功打造全球最大的電商平臺——阿里巴巴，登上中國首富的寶座；他的成功來自於永不退卻的精神！

賈伯斯（Steve Jobs）曾被自己創辦的公司開除，他克服挫折，從谷底翻身，重返蘋果的故事，讓人津津樂道。

堅持、不放棄、「遭遇挫折，用左手溫暖右手」，發揮「以苦爲樂」的精神，才能成爲最後的贏家！

　　在「創新」與「追求完美」的堅持上，賈伯斯的精神無人能及；他曾多次引用英國首相溫斯頓・邱吉爾（Winston Churchill）的名言「絕不、絕不、絕不、絕不放棄」（Never, never and never give up）。

　　對成功充滿憧憬的上班族朋友，要能成就理想與事業，先從「不放棄」做起！

　　累積工作經驗與智慧，不讓專業框架限制自己的思維與想像；現代上班族要謙卑的面對環境的變化與挑戰，在現有的經驗與專業知識中，置入創新求變的元素，追求新的目標與價值。

　　傳奇投資人查理・蒙格（Charlie Munger）說：「贏家通吃，輸者一無所有；社會永遠都是以成敗論英雄。」

　　10項重要觀念與大家分享：想要進入贏者圈，你要做的是「開始行動」。

1	你是人才，還是人力？	2	「專業」與「績效」讓你無可取代
3	把「優秀」當作習慣	4	對自己要求高一點
5	重視細節，把事情做完美	6	練習「5少5多」
7	把自己當品牌經營	8	擁抱困難，解決問題
9	從傳統處創新	10	以苦為樂，堅持不放棄

關鍵人才最重要的10個觀念與態度

省思與研討

1. 關鍵人才最重要的觀念與態度有哪些？
2. 「對自己要求高一點」，如何在生活、學習及工作上實踐？
3. 經營自我品牌，有哪些具體的做法？

關鍵人才能力篇

時間管理經典語錄

─────────────────○─────────────────

愛迪生（Thomas Alva Edison）

世界上最重要的東西是時間。

彼得杜拉克（Peter Ferdinand Drucker）

不能管理時間，就什麼也不能管理；時間是世界上最短缺的資源，除非嚴加管理，否則就會一事無成
時間的最佳創造者是「正確的管理」先Do the right thing再Do the thing right。（先選擇做對的事情，再把事情做對）

時間管理小故事

─────────────────○─────────────────

賈伯斯：「你的人生有限，別浪費時間為他人而活。」

　　蘋果公司創辦人賈伯斯的創業故事高潮迭起；1976年他在車庫創業，1980年成功上市，卻在1985年被自己創辦的公司開除。

　　賈伯斯短暫56年的生命，為科技創造了奇蹟；蘋果公司自1998年推出iMac後，陸續研發iPod、iTunes、iPhone、iPad等創新科技的產品，改變了人類的生活；賈伯斯被譽為世紀的科技奇才！

　　賈伯斯曾說：「人的一生只要兩天就夠了；用最後一天的心情去選擇下一步，我們會更有方向；用第一天的態度，去做每一件事，我們會更有活力、更能成功！」

　　在時間的管理、運用與效益上，賈伯斯絕對是世人的典範與表率！

馬斯克：「我當然希望這是值得的！」

特斯拉的創辦人馬斯克，是大家公認的拚命三郎，他身兼特斯拉（Tesla）、太空探索科技公司（SpaceX）的執行長，同時管理7家公司，每週工作時數超過100小時。

記者採訪鋼鐵人馬斯克，他回想創業時的波折與艱辛，在媒體前不能自已、激動落淚。

2008年他面臨經營挫敗，SpaceX連續3次火箭發射失敗，而特斯拉也在破產邊緣；在一片看衰的聲浪中，馬斯克仍然義無反顧，克服困境、背水一戰，爭取持續挑戰的機會。

對於每天工作22小時，每週7天睡在工廠的馬斯克而言，重大挫敗幾乎讓他崩潰。

馬斯克多次表達：「為了自己認為重要的事，不論遭遇任何困難，絕不放棄！」

對於投入大量時間在工作上，馬斯克的淚水在眼眶中打轉，他說：「沒有人應該在工作上花這麼多時間，這是不好的，人們不應該如此認真工作，他們不應該這麼做，這是非常痛苦的！」

他將自己逼到時間的極限；許多人說馬斯克是瘋子，他的言論與行為備受各界批評；但是，在堅持偉大理想與執著的精神上，「堅持不放棄，愈挫愈奮的精神，驅動著他為實踐偉大理想而前行的力量」！

要成為關鍵人才，需要的就是這樣的企圖心與使命感！

7-1 時間管理的重要性

世界上唯一公平的是時間，不管性別、年齡，不論是家財萬貫的富人或是衣衫襤褸的窮人，長的美、醜、胖、瘦，或是出身背景好壞，每個人一天都只有24小時！

時間不能儲存、購買、替代、重返與暫停，因此，善用時間是各行各業成功人士及成為學有專精、創造績效的關鍵人才，最重要的行為準則。

「不為明天，而犧牲今天」，洞悉時間的特性，活在即刻、把握當下，成功就會實現！

假設每天都有86,400元進入你的銀行帳戶，而你必須當天就花掉，否則會自動消失，請問你會怎樣運用這筆錢？

用這個例子來比喻時間的特性，非常貼切，成為關鍵人才的首要條件是如何「運用有限的時間，產生最大的效益與價值」。

對於年輕人來說，時間彷彿是取之不盡、用之不竭的資源，但是如果你仔細盤點一生的時間，你可能會頓時改觀；假設我們可以活到75歲，每天睡覺時間就占了25年，從小學讀到大學，讀書的時間大約是8年，工作時間約為11年，如果我們善用其他瑣碎及自由的時間，就可以讓職涯與人生豐富圓滿，何樂而不為？

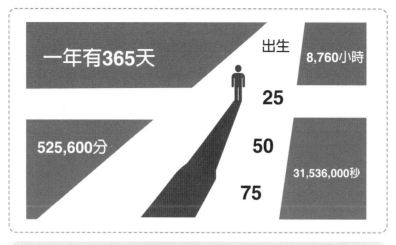

一年有365天

出生

8,760小時

25

50

525,600分

31,536,000秒

75

人生中唯一公平的是「時間」

　　「Digital 2023：TAIWAN」引用權威顧問公司 We are social 的報告，內容提到臺灣民眾2023年每天上網在線的時間為7小時14分鐘；其中手機與桌機（含平板）的使用時數比為55%：44%；上網的原因前3名為「查找資訊」（61.8%）、「連繫親友」（59.5%）及追劇「觀看影音內容（電視節目、電影、劇集等）」（58%）。

　　網路與行動裝置的普及，讓人們的眼睛與心思難以專注；2022年的調查分析，人們每天平均使用手機3小時15分鐘，查看手機58次。

　　我們不自覺的被手機的小框框所綁架，為他人創造流量，卻虛耗了自己寶貴的時間與精力；生命就這樣一點點的流逝，想想是不是很恐怖！

網路上誘惑及吸引我們的事務太多，如果能夠篩選過濾，一定能強化時間的效益！

7-2　學會選擇，是時間管理的成功關鍵

人們通常將人的一生，概略區分為3個25年，前25年學習，26-50歲全力拚搏事業，後25年則開始步入第二職涯及退休，而這第二個25年，就是上班族全力以赴、發光發亮的關鍵時刻！

人生、職場與工作，必須不斷的判斷與選擇，這與時間的投入與價值休戚相關。判斷比努力重要，選擇比努力重要，正確抉擇比努力重要，蘋果創辦人賈伯斯的名言：「我對我們沒做的事和我已經完成的事，同樣感到自豪；創新代表對1,000件事說『不』。」

成為關鍵人才的第一步是學習選擇「做什麼」、「不做什麼」。

「選擇」是時間管理重要關鍵，有以下5個重要的區分：

⑴ 必須做的事情。

⑵ 應該做的事情。

⑶ 量力而為的事情。

⑷ 可以委託別人去做的事情。

⑸ 應該刪除的工作。

瞄準自己的理想，設定清楚的目標與進度，時間管理才有意義。

　　丁志達顧問分享世界生產力科學聯盟主席達爾（Tor Dahl）的研究：「一般人的時間有23%浪費在等待許可或是支援；20%的時間花在根本不應該做的事情上；15%的時間浪費在應該由別人處理的事情；18%的時間則是做錯事情；16%的時間虛耗在無法做對事情。」

　　可見理性評估、做對判斷與抉擇，對於時間管理而言，十分重要。

選擇

A 必須做的事情	B 應該做的事情
C 量力而為的事情	D 可以委託別人去做的事情
E 應該刪除的工作	

「選擇」是時間管理的重要關鍵

7-3　時間管理的重要定律

1. 80 / 20原理

百分之20的時間，創造百分之80的成果，也就是有百分之80的努力與成果無關，如果能集中火力善用時間，理想與目標就能實現。

2. 柏金森定律（Parkinson Law）

如果不為時間設定底線，則工作與任務會延長到最後的時間才完成，這個定律在說明拖延與惰性對時間管理的重大影響，大家一定非常有同感。

3. 墨菲定律（Murphy's, Law）

任何事情都不像表面認知那麼簡單。學生準備考試，設定的讀書進度，經常事與願違；考量工作的變數與意外，才能夠嚴謹規劃時間與進度，進而臨危不亂、順利達標。

4. 崔西定律（Tracy's Law）

任何工作的困難程度與其執行的步驟成正比，例如：完成一件工作有3個步驟，這個工作的難度是9，若是拉長到5個步驟，則難度增加到25；簡化工作流程、善用資訊工具，別將自己搞得像自轉的陀螺一樣，原地打轉、裹足不前。

5. 百分之30定律

一般人完成工作所需的時間，通常會較預期的時間多出百

分之30。我們不要過於理想化，審慎評估及規劃執行步驟，才能如期如質完成任務。

6. 百分之50原則

我經常勉勵同仁，努力在半天的時間內完成負責的工作，留下其他一半的時間投入新的專案或是學習新技能，如果你目前的工作資歷超過1年以上，就可以試著做這樣的練習，成長的速度一定比別人快。

7. 時間淨化系統（The Time Cleanse）

美國時間管理領域權威史蒂芬・葛林芬斯（Steven Griffith）發展的時間淨化系統，教導大家清除侵蝕時間的因素，例如：玩手機、看電視、逛社群、盲目追劇等，如果大家能刻意管理，一定可以清理出很多時間，投入有意義的工作。

8. ECRS原則

進行工作時，可以藉由「排除（eliminate）、組合（combine）、交換（rearrange）、簡化（simplify）」4個原則來思考及盤點工作的內容，有效率的進行。

⑴排除：有沒有可以節省、刪除的步驟（例如：運用客服機器人，節省人力詢答的作業步驟）。

⑵組合：有沒有相關工作內容，可以加以整合的（例如：相關的產品，可以共同開發客戶）。

⑶ 交換：調整工作順序或是比重，以增進效率（例如：招募作業先由用人主管面試，避免時間浪費）。

⑷ 簡化：檢討每個工作項目與步驟是否有簡化的空間，以精進工作（例如：人員出勤運用人臉辨識，取消刷卡）。

多數企業的內耗都很嚴重，許多上班族抱怨公司的工作流程複雜、沒效率，同時，會議過多，「議而不決，決而不行，行而無果」的狀況不斷循環。

組織把簡單的事情搞得複雜，或是經營者、主管打高空，畫大餅，描繪不切實際的海市蜃樓；因人設事、疊床架屋的工作與組織更是經常可見。

「浪費部屬的時間，是一種罪惡」！企業主與主管顯然還有很大的改善空間。

1	80／20原理	2	柏金森定律（Parkinson Law）
3	墨菲定律（Murphy's Law）	4	崔西定律（Tracy's Law）
5	百分之30定律	6	百分之50原則
7	時間淨化系統（The Time Cleanse）	8	ECRS原則

時間管理的重要定律

7-4 時間管理的10個重要法則

「人不理財，財不理你」，時間也一樣，善用時間，可以功成名就、心想事成；虛度光陰則終身庸庸碌碌、隨波逐流，你的選擇是什麼？

在工作中做好時間管理的10個方法，一定能讓你取得關鍵人才殿堂的入門票！

1. 訂定明確的目標與計畫

「知道組織與主管要什麼」、「讓組織及主管知道，你要做什麼」、「讓組織和主管知道，你做了什麼」，落實這3個工作執行的重要步驟，一定會讓你成為主管的好幫手。

2. 善用資源與工具

要有效率的完成工作，必須善用資源及工具，例如：思考組織內外部能夠提供協助的人脈、金錢、設備與資訊，讓工作執行贏在起跑點。

韓非子說：「下君盡己之能，中君盡人之力，上君盡人之智」；光憑一個人的靈感，不如集合10個人的智慧；能整合資源、發揮綜效，就能實踐眾志成城的目的。

科學家牛頓（Sir Isaac Newton）說：「如果我看得比別人遠，那是因為我站在巨人的肩膀上。」（If I have seen further, it is by standing on the shoulders of giants.）借力使力，能讓工作事半功倍！

在系統工具的運用上，可在電腦及手機中設定工作提醒及進度管控，也可以用紙本筆記審視工作狀況；這些俯拾可得的工具與方法，只要善加利用、持之以恆，能夠提升工作的效率。

3. 拆解小目標，排定優先順序

組織內的工作通常區分為：「重要又緊急」、「重要但不急」、「緊急但不重要」、「不急也不重要」等4種類別，需要審慎的抉擇及處置，才能從容因應，讓企業正常運作。

時間管理的4大象限

	重要性高	重要性低
急迫性高	「重要且急迫」；優先處理	「不重要但急迫」；利用空檔時間處理
急迫性低	「重要但不急迫」；排序完成	「不重要也不急迫」；考慮是否要做

將大計畫拆解成小項目，設定階段性的小期限（mini-deadline），並確保進度達成。舉個日常整理房間的例子來說明：面對雜亂的空間，一定會讓人望而卻步，如果能劃分整理的區域與進度，就可以逐步從書桌、書架、衣櫃、床鋪等一步步完成清理的工作。

在104人力銀行的工作當中，經常需要籌辦講座活動，行銷同仁秉持拆解任務的原則與技巧，排定工作的優先順序，從設定議題、邀約講師、租借場地、規劃行銷管道、評估異業合作、引導報名及現場服務、課後問卷分析等工作，有條不紊的運作。

4. 利用分工、外包與授權

親力親爲的時代過去了，懂得授權及專業分工，才能又快又好的完成任務，要能發揮時間管理的綜效，一定要思考省力、有效率的方法與途徑。

事必躬親、不假思索就把事情全攬在身上，不僅難以完成，可能會像三國時的諸葛亮一樣身心俱疲、鞠躬盡粹；能善用資源，才能發揮團隊合作的綜效。

5. 發揮整理整頓精神，讓事情變清明

許多上班族的辦公環境及桌面，經常是雜亂無章，大家笑稱這是「亂中有序」， 如果要提升工作效率，整理整頓是基本的原則；不論是書面的資料檔案，或是電腦資訊，有系統的分類整理，可以加速工作的進行！

在資訊爆炸、大數據的時代，蒐集、整理有意義的數據，絕對是你奠定專業基礎，邁向成功的重要條件。

6. 培養專注力

麥爾坎・葛拉威爾（Malcom Gladwell）在其著作《異數》（*Outliers: The Story of Success*）一書中指出：「人們眼中的天才之所以卓越非凡，並非天資超人一等，而是付出持續不斷的努力，只要經過1萬小時的錘鍊，任何人都能從平凡變成超凡。」

馬克・吐溫（Mark Twain）的名言：「人的思想是了不起的，只要專注某一項事業，就一定能做出讓自己都感到吃驚的成績！」

設定短、中、長期目標，持續努力、不斷調整與精進，同時找出自己的工作特性與節奏，有助凝聚心力、專注投入，例如：業務人員早上處理客戶訂單，下午開發、拜訪客戶；結合顧客作息及自我的特性，將工作安排最佳化。

此外，一次處理一件事情，不被雜訊干擾，定時檢視Outlook信件，設定勿打擾時段，避免不斷察看社群訊息，這些都是培養專注力的好方法。

蘭西斯科‧西里洛（Francesco Cirllo）提出的番茄鐘工做法，設定25分鐘工作時間，喘息5分鐘；連續4段後，可進入較長的休息階段，藉以培養專注力。

「專心則達，專注則精」，專注、守恆是關鍵人才的重要心法。

7. 不拖延

拖延是人類的天性，我們從小到大，一直難以擺脫「拖延」的魔咒，這也是我們無法管理自己的原因。

生活與工作是一體兩面，珍惜光陰、把握當下是時間管理的基礎；馬斯克（Elon Musk）、比爾‧蓋茲（Bill Gates）都是以5分鐘為行程的時段，他們珍惜時間的態度，讓生命的價值大放異彩！

拖延會讓不重要的工作變得緊急，打亂工作與生活的節奏，關鍵人才不會掉入這個陷阱。

8. 強化執行力

臺大教授黃光國曾提出一個建構組織紀律的公式：「紀律＝自律＋他律＋法律」；一個有紀律的團隊，每位成員都必須有自我管理的認知與態度，而能夠凝聚共識、齊一步伐向前走，則仰賴合理、完整的制度與規範！

想成為有競爭力的關鍵人才，用自律驅動執行力是基本的行為準則。

9. 檢討優化的方法

工作中持續維持「1%改善」的精神，每次進步一點點，就可以日新月新、不斷進步。

成功與失敗的經驗是成長的養分，任何事情都有優化的空間，這是提升工作價值、創造績效的好方法。

日本動畫大師宮崎駿說：「曾經發生的事，不是忘記它，就不存在；曾經發生的事，它永遠都存在」，好的與不好的經驗會在我們的潛意識中烙印下印痕。

10. 不斷學習，提升工作知識與技能

Google允許每位員工花20%的工作時間，去探索他們有興趣的事務，從而讓創意源源不絕，同時也尊重員工發展多元職涯。

然而，大部分的公司「人少事多」，很難實行這樣的方案；所以，上班族在工作上手後，持續優化工作流程，導入資訊系統，就能空出許多的時間來投入新的工作與專案，落實

學習與成長；此外，秉持OJT（On the Job Training）的精神，善用機會向主管、同僚、客戶、專家學習；做到查理・蒙格（Charles Thomas Munger）提醒大家奉行的人生與工作準則：「每一天都比昨日更聰明一點！」

7-5 速度是時間管理的靈魂

1. 天下武功，唯快不破

雷軍在40歲創辦了小米集團，他提醒大家做任何事，動作一定要快，因為「天下武功，唯快不破」；臉書創辦人祖克柏（Mark Zuckerberg）的名言：「Move fast and break things.」（盡快做出產品，不要追求完美）。

多年前，我曾經與同事到大陸參訪人力資源機構，從國營事業到中小企業都在行程之列，我的體會是：「創業普及、競爭劇烈的中國社會，大家非常重視拚搏速度！」

曾經不只一次接觸大陸的新創公司，他們快速推出產品與服務，即使只有30%的完成度，仍然義無反顧的直接將產品與服務上架；我問他們為什麼如此草率行事，得到的回應是：「速度為王，凡事不能等到萬事俱備才做；如果有不足或缺陷的部分，就讓市場及消費者來驗證與調校！」

無獨有偶，媒體也曾報導LINE對於「快」的要求，LINE訂定了一個333原則：公司的公務信件與訊息，必須在3小時內回

覆並想出新點子，3週內要有具體完整的提案，3個月要完成執行，產出具體成果。

　　成為關鍵人才，除了時間管理之外，敢於拚搏速度，才能在競速的時代，贏得先機！

2.「1年抵8年」的時間管理原則

　　網路上分享馬斯克「1年抵8年」的時間管理原則，非常值得參考，摘錄敘述如下：

⑴「法則一」時間拳擊：

　　「重點不是什麼時候要做這件事，而是做這件事要多久時間」；「重點不是事情的順序，而是輕重緩急」，馬斯克給每件任務，排定最少的時間，這樣可以讓工作隨時處於最後期限（deadline）的情況，保持最高效率！

⑵「法則二」帕雷托法則：

　　義大利經濟學家帕雷托（Vilfredo Pareto）認為：「原因和結果、投入和產出、努力與報酬之間，本就存在著巨大的不平衡。」

　　馬斯克將大部分的時間用在最重要的事情上，在每週85-100小時的工作中，其中80%的時間都投入在工程和設計的工作上。

　　「專注於訊號而非噪音，不要把時間浪費在不會讓事情變得更好的事情上。」

(3)「法則三」非同步溝通：

　　馬斯克偏好使用電子郵件工作，這樣可以在特定時間專注進行深度工作，避免打斷高效的心流狀態（flow）。

　　批次處理多個工作，選擇非同步溝通，讓馬斯克的工作效率更高！

(4)「法則四」第一性原理：

　　「第一性原理」是量子力學中的術語，指將問題分解成最基本的條件，然後根據事實推論，創造出新價值；強調打破所有被視為理所當然、實則不然的事務。

　　馬斯克運用「第一性原理」，讓他深入了解事務背後的基礎科學原理，這樣可以大幅降低學習新東西的時間，而更容易問對問題，找出最佳解法。

　　分解問題的過程是最耗費精神、力氣的，因此相較於第一性原理，更習慣的是直覺式的「類比式推論」，在前人的基礎上做調整與更動，這樣的思維只能產生細小的反覆運算發展，無法做到真正前無古人的開創式創新。

　　「不斷去思考如何才能把事情做得更好，總是質疑自己的決定。」

　　一般人無法像賈伯斯及馬斯克一樣，有改變或拯救世界的宏偉企圖；我們只要誠懇面對想做的事，嚴謹管理時間，就能成為對自己負責、為組織提供價值的生力軍。

7-6 從容做好時間管理

關鍵人才必須讓「專業」產生具體的「績效」，善用時間發揮效益。

大家別把這項能力想得太困難，下面幾個小習慣，有助你輕鬆進入自我管理的魔法中。

1. 隨身帶紙筆，或用手機記錄工作、想法與靈感

日本首富，軟體銀行創辦人孫正義是一位知名的創業家，他年輕時有一個習慣，幫助他屢屢激發創意的新點子，他每天在口袋裡放一張摺成4等分的A4紙，要求自己寫下4個創意，長期不輟，終能鍛鍊創新思考的能力。

2. 練習排定工作的優先順序

職場工作隨時都有突發狀況，既定行程被打亂是家常便飯，因此，練就重新組合工作及判斷優先順序的能力，十分必要。

上班族的心思，要像變形蟲一樣，因應環境的變化分裂重組，及時做出最佳的判斷與選擇。

3. 不要浪費零散時間

搭捷運聽一段播客（Podcast，是一種數位媒體）、背幾句英文、回覆社群留言，或是工作、讀書告一段落，利用休息時間，順手整理衣物或環境，都可以積少成多，累積工作與生活的成果。

4. 隨身帶本書，落實碎片化學習

微軟創辦人比爾‧蓋茲每星期讀一本書，馬克‧祖克柏每兩週念一本書，而全球最會賺錢的巴爺爺──股神巴菲特則一天有80%的時間都在閱讀；成功人士都手不釋卷，無時無刻不在書中發掘知識與智慧。

威盛科技嵌入式事業部總經理吳億盼，曾分享運用零碎時間的成果：「工作繁忙，經常出差海外，成為空中飛人，但是利用候機、搭機的時間，閱讀隨身攜帶的書籍，也能達到每年讀100本書的目標！」

大家千萬別小看善用「碎片化時間」的學習成效！

5. 物有定位

環境對人的影響十分巨大，井然有序絕對是形塑工作條理與思維邏輯的重要方法。

如果連身邊的物品都管不好，就很難內化「條理分明」的習慣與能力。

6. 資料檔案分類存檔及備份

資訊爆炸的時代，任何事務都會吸引你、我的眼球，但是人就只有一顆大腦、一雙眼睛，在時間限制下，有系統的管理及運用資訊，就成為重要的工作。

7. 今日事，今日畢

從小到大都被提醒「今日事，今日畢」的基本觀念，能

夠力行實踐的人不多，人們年紀愈大愈會拖；我們是時間的主人，卻淪為習慣的奴隸。

養成落實每天整理、條列工作的習慣，訓練自己做到「今日事，今日畢」；每完成一件事，就用紅筆劃掉它，相信晚上收工時，一定會很有成就感，也讓你的時間管理能力得到驗證！

享譽全球的美國知名心靈勵志作家史賓賽・強森（Spencer Johnson）的名著《禮物》（*The Present*）提到「把握現在，不要分心，須專注眼前最重要的事」；此外，書中也強調「把握現在」、「緬懷過去，從過去學習」、「設定目標開創未來」等3個人生致勝的原則。

8. 別在衣著妝扮上，花過多時間

賈伯斯（Steve Jobs）、Facebook 創辦人祖克柏（Mark Zuckerberg）等成功人士不會花過多時間在打理衣著上，他們每天總愛穿同樣的衣服。

搜尋網路的資訊，有8個原因支持這樣的做法：減少抉擇、節省時間、減少壓力、節省精力、更有質感、象徵性、減少花費、心情平靜。

降低每天穿搭衣著的煩惱，讓成功人士更能聚焦工作，是不是蠻值得學習的。

9. 維持身心健康,以因應壓力與挑戰

養成早睡早起的規律作息,晚上11點以前上床睡覺,早上6點起床,每天運動1小時;鍛練強健的體魄,才能對抗環境及工作的變化與挑戰!

在這個忙碌、高壓的社會,慢性病趨於年輕化,同時屢傳上班族過勞死的案例,我們別忽略了健康才是生命意義的源頭;一旦健康繳了白卷,不管事業成就有多高,擁有多少財富,人生都是黑白了。

擁有休閒活動、培養興趣,同時建構「支持系統」,可以有效對抗壓力,從容迎接工作挑戰。

10. 不輕易(審慎)承諾

不輕易承諾不是推諉卸責,而是負責任的表現,因為一旦承諾就必須投注時間、全力以赴;許多人不會拒絕別人,懷著救世主的心態,攬了滿身的任務,卻是一件都做不好,搞得身心俱疲,又會因進度延宕而得罪人,真是得不償失。

1	培養良好的作息習慣，準時就寢及起床。
2	每天晚間或下班前規劃次日的工作與行程。
3	做好物品的整理整頓，並放置定位，以利快速取用。
4	上班穿著的衣物，前一天準備好。
5	養成整理資料及分類的習慣。
6	善用等待及零碎的時間。
7	善用手機及資訊工具（如ChatGPT）來安排及優化工作。
8	生活規律、定期運動，擁有健康的身體及良好的體力。
9	住家、辦公室不堆置雜物，1年未使用的物品檢討處理。
10	控制上網、追劇、看電視、滑手機的時間。
11	購物規劃合併處理，以節省採買時間。
12	莫因時間管理而導致生活緊張、壓力沉重，我們要做時間的主人！
13	為自己的好表現，給予掌聲與獎勵。

如何在生活中有效培養時間管理

7-7　成為時間的主人，別淪為時間的奴隸

　　問問年輕人，「工作長短」是否與「績效」畫上等號，大多數人一定抱持反對的態度；尤其8、9年級生重視「工作與生活平衡」，不願將所有的時間都賣給公司。

中國許多企業家標榜「996」的工作節奏，強調每週工作6天，每天從早上9點工作到晚上9點；甚至雷軍的「7×16」，一週工作7天，每天工作16小時；馬化騰「把黑夜當白天」用；華為任正非的「床墊文化」（辦公室放床墊，加班累了小睡，睡醒再工作）；這些創業家的高工時案例，很容易誤導職場的認知；一味標榜高工時，並不符合勞資雙方長期的合作；此外，也會讓上班族產生「慣老闆」的批評。

企業家日以繼夜、廢寢忘食的創業精神，值得敬佩；但是，如果要求員工比照辦理，並不符合投入與產出的比例原則，也容易遭受社會非議；應該換個方式，提供有競爭力的舞臺與報酬，引導同仁自發主動的付出，才能達成勞資雙方共存共榮的目的。

秉持使命必達的態度，衝刺工作與績效，認真的上班族都有類似的經驗；但是，長期承受高壓、高工時卻不是職場的健康生態，尤其在專業分工、人工智慧崛起的時代。

聰明工作、身心平衡，才能在職涯與人生的道路上走得快、走得穩，也走得久。

建立正確的時間管理觀念，清楚設定階段性目標，全力以赴，完成理想，才能真正發揮時間的意義與價值！

| 珍惜時間的習慣 | 選擇事情的習慣〈取捨〉 | 優先順序的習慣 | 凡事計畫的習慣 | 機動調整的習慣 |
| 事後檢討的習慣 | 量力而為的習慣 | 不斷學習的習慣 | 輕鬆愉快的習慣 | |

時間管理應養成的習慣

7-8 避免人生遺憾，珍惜光陰，勇敢追夢

研究機構對高齡長者做調查，訪問人生的遺憾是什麼。

其中「沒有奮力一搏」是人們在生活、工作中，深表惋惜的一件事。

各位年輕朋友，千萬別在必須努力的時候，選擇了怠惰；世界上缺的永遠不是聰明人，而是拚命的人。

作家鍾文音〈人不會突然就大器晚成〉一文提到：「生命就是和時間的一場競速，人往往非常珍惜生命，卻泰半在浪費時間。」

大家要珍惜時間、逐夢踏實，不要徒留悔恨與遺憾！

時間管理就是自我管理。前美國海軍上將威廉・麥克雷文（William H. McRaven）2014年受邀到母校德州大學奧斯汀分校（The University of Texas, Austin）演講，他說：「起床第一件

事做什麼？花3秒就可以輕易完成一件事，那就是摺棉被；成功要從小事做起，如果連小事都做不了，也難以成就大事！」

時間管理從簡單、小處做起，不斷為自己加油打氣，習慣的力量就會像滴水穿石般，創造巨大的能量！

19世紀法國著名的作家奧諾雷・巴爾扎克（Honoré de Balzac）說：「拚著一切代價奔向你的前程！」

如果你希望在職場上不虛此行、出人頭地、成就自我，請讓時間成為助力，而非阻力！

省思與研討

1. 時間管理有哪些重要的定律？
2. 舉出發揮時間管理能力的案例，說明可以學習的經驗。
3. 如何將時間管理的知識與技巧，運用在生活及工作中？

關鍵人才的計畫管理力

計畫管理經典語錄

亨利‧法約爾（Henri Fayol）

管理就是預測和計畫、組織、指揮、協調以及控制。

彼得‧杜拉克（Peter Drucker）

管理是一項崇高的使命，也是一種實務，因為唯有透過實踐的工夫，才能獲得預期的成果，若要使一群平凡的人做出不平凡的事，唯有透過「目標管理」與「自我控制」才可實現。

日本「經營之聖」稻盛和夫

想法一定會實現；若要完成新的、有意義的事，我們必須估量自己現在和未來的能力。大計畫一定要所有的員工都來參與，並把這項計畫變成大家一心達成的幾個標的。

計畫管理小故事

　　全球知名家電品牌Dyson的創辦人詹姆斯‧戴森（James Dyson），被譽為「現代愛迪生」、「家電界的賈伯斯」。

　　1979到1984的5年間，戴森為了改良吸塵器，一共修正了5,127個版本，終於在1983年創造出世界第一部沒有集塵袋的吸塵器。

　　1993年Dyson吸塵器在英國上市，開啓了Dyson家電帝國的霸業。

　　詹姆斯‧戴森的成功故事可以作為不屈不撓，實踐理想與計畫的經典範例！

8-1　計畫的意義與目的

「凡事豫則立，不豫則廢」，嚴謹思考及規劃達成目標的步驟與方法，並且區分責任歸屬及工作進度；大至國家，小至組織與個人，凡事都要有計畫，才能事半功倍、克盡全功。

哈佛大學曾經花費10年的時間，研究MBA畢業生的職涯發展與成就；這項調查發現，13%有目標，但未寫下的學生，較84%沒有目標者，平均收入高出2倍；有目標有寫下，同時設定執行計畫者，比沒有目標者，收入高出了10倍。

原來訂定、寫下目標加上貫徹執行，其成果與回報如此巨大，無怪乎所有的企業組織都非常重視嚴謹的計畫作業，就是要能萬無一失的達成任務與使命。

近年來，由於經濟與產業環境詭譎多變、營運成本上升、市場動態不明，所以，各行各業的主管們在編製年度計畫時，無不傷透腦筋，屢屢修改版次的現象十分常見。

我記得剛出社會時，臺灣頂著「亞洲四小龍」的桂冠，經濟情勢一片大好，那時候的年度計畫，只要將舊計畫更改年度就能交差；時過境遷，當年的景況已不復見！

計畫的內涵與本質如下：

1. 結合願景與理想，訂定欲達成的目標

例如：台積電致力研發半導體先進製程，鴻海打造電動車帝國，SpaceX要發展商用火箭，實現人類移民火星的理想。

計畫必須考量的因素很多，包括「內外部環境」、「資源盤點」、「成本與效益」、「量力而為」都是組織訂定計畫前必須評估的項目。

2. 訂定完成的期限、權責，設定明確進度

　　計畫要能如期如質完成，必須明確責任分工，同時訂定嚴謹的工作進度，這是計畫最重要的部分，不能有模糊及灰色地帶，以避免日後的推諉及卸責。

　　依職責、能力合理分工，並設定獎懲標準，是有效驅策計畫執行的重點！

3. 必須有效管理並適時調整因應

　　訂定計畫不難，執行管控才是達成目標的關鍵因素；許多上班族光說不練（只會說、不會做），或是訂定光鮮亮麗的計畫，卻是虎頭蛇尾、3分鐘熱度，終究一事無成。

　　組織與個人的許多計畫在「打高空」、「表裡不一」、「口是心非」、「說一套做一套」、「敷衍了事」的情況下無疾而終。

4. 成果導向，造成影響與改變

　　「以終為始」是大家耳熟能詳，錨定目標北極星的做法；計畫的目的要達成績效與成果，最怕「船過水無痕」，「完全不留下痕跡」，空忙一場的組織遊戲。

8-2　計畫分析與執行方法

1. 5W2H1E分析法

　　二次世界大戰，美軍使用的5W2H1E法，運用在設計及管理等作業上，而這項簡單、方便、易於理解的分析法，目前廣泛的被企業體採用，公司依循5W2H1E法，可有效的運用在計畫內容的規劃及檢核上，有助於計畫的制定與執行。

5W2H1E的內涵

Why	為什麼？	計畫的起源，原因
What	什麼？	計畫的目的與內容
Where	何處？	計畫執行的地點，從何著手
When	何時？	計畫執行的進度及時限
Who	誰？	何人負責？相關人員
How	如何？	怎麼做？執行的方法
How much	多少？	預算及費用
Effect	效果	效果，成效

2. SMART計畫訂定5原則

　　管理學大師彼得‧杜拉克（Peter Drucker）於1954年在《彼得‧杜拉克的管理聖經》（*The Practice of Management*）中提出企業在設定目標時，應該把握 5 個原則；分別是Specific（明確的目標）、Measurable（可衡量、量化的）、Attainable（可達成的）、Relevant（和組織、策略相關的）、Time-based（有時效性的），即為大家熟知的「SMART」原則。

明確的
（Specific）

可量化的
（Measurable）

可達成的
（Attainable）

和組織、策略相關的
（Relevant）

有時效性的
（Time-based）

以「SMART」原則來設定目標

3. PDCA作業循環

由美國學者愛德華·戴明（Willian Edwards Deming）提出的PDCA（Plan-Do-Check-Act）4循環管理流程，廣為企業與個人使用，不僅有助改善、精進品質，也是訂定計畫、管理及達成目標的好方法。

規劃（plan）、執行（do）、查核（check）、行動（act），是大家朗朗上口的目標管理作業流程，淺顯易懂的4個步驟，值得落實在工作執行上。

日本企業家，樂天株式會社創建者三木谷浩史強調每天「持續改善」的精神；他提到「每天改善1%，1年強大37倍」的效益；可見秉持PDCA循環（PDCA Cycle）對企業進步成效十分巨大。

PDCA的內涵

Plan 計畫	發掘、找出問題原因，制定改善計畫。 不斷問「為什麼」，抽絲剝繭找出問題。 善用魚骨圖、樹狀圖等分析工具。 規劃多個計畫，選擇最佳方案。
Do 執行	訂定具體的執行步驟。 將執行的進度與過程清楚呈現及公開。 由小到大、逐次投入執行。 別等問題出現才處理，平時即應有警覺性。
Check 查核	確認執行未偏離目標。 執行不順利，應檢討原因，進行改善。 發現計畫不可行，適時停止，重新啟動。
Act 行動	將有效方法及成功經驗標準化並傳承。 仿效學習他人的成功經驗。 強化影響力，擴大執行效果。

8-3　企業年度目標展開程序

組織的年度目標，通常是由經營階層審慎思考後布達，其中包括營業目標、獲利率、新產品策略、新市場開發、應收帳款等公司整體性的目標，所有的目標都必須有明確的數據，以利各單位規劃部門的計畫，部門的計畫必須落實到個人。

所有的計畫都要以書面及表格的方式呈現，以利執行、管控及檢討。

目標設定的原則是「站著摸不到，跳起來摸得到」，也就是目標要有挑戰性，如果設定了一個低水平的目標，即使達成任務，對組織的成長並無助益。

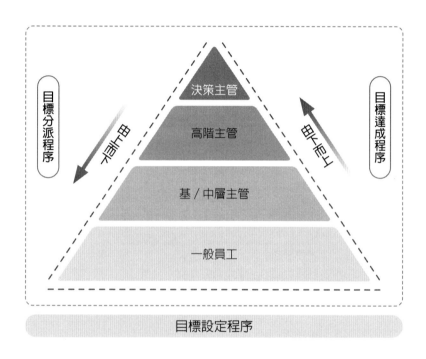

目標設定程序

8-4　企業年度計畫訂定的步驟與注意事項

1. 企業年度計畫訂定的步驟

　　每年第四季，所有的公司都開始積極展開年度計畫與預算的編製作業，以下謹將年度計畫訂定的步驟概述如下：

步驟	工作項目	作業內容	備註
1	年度工作檢討	★針對本年度之工作計畫執行情形進行檢討，其中包括計畫達成、差異分析及原因檢討。 ★未完成的作業，考量是否遞延至次年繼續執行。	在訂定新年度計畫前需對今年的工作做詳細的執行檢討。
2	組織內外部環境分析	★訂定新年度的目標／計畫之前須對組織的內外部環境做客觀的分析，以支持後續計畫之訂定。 ★以財會部門為例，須考量的內外部因素為：組織內部的財務狀況、產業政策、相關法令、匯率走勢、稅務法規之修訂等等。	
3	人力資源盤點	★各部門需盤點組織／人力及職能，確認人力資本的狀況。 ★個人自我也須對自己的能力、技術、經驗及未來面對工作的挑戰做自我的能力盤點。	
4	訂定組織營運目標	★依據內外部環境及組織的資源，訂定合理的營運目標。	目標必須明確並可衡量及驗證。
5	訂定部門／個人目標與計畫	★各部門及個人的工作計畫必須切合企業整體的發展方向。	

　　依照上述的步驟，經營者發布營運目標後，各階主管據以擬訂部門的年度計畫／工作進度與預算，此外，通常會召開部門（或個人）年度計畫的發表會議，與會成員為經營者及各部門主管，目的是讓所有主管了解各單位所訂的計畫及進度，除了清楚各部門的工作方向外，並相互研討支援配合的措施；經過年度計畫發表會議之討論及修訂後，即可確認來年的部門年度計畫／預算及工作進度。

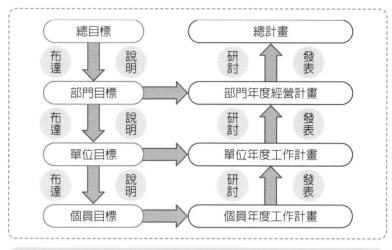

年度目標的展開程序

2. 年度計畫訂定的注意事項

⑴計畫需做效益評估，以確定付諸執行的意義。

⑵需為量化的目標，作為衡量成效的依據。

⑶訂定明確的執行計畫／進度及承辦人。

⑷規劃詳實的書面計畫。

⑸因應計畫之需要，提出相關部門／人員配合及內外部支援項目。

⑹年度計畫可因應內外部環境變化做必要調整，但不可過於頻繁，約半年檢討調整一次。

⑺組織或部門的年度計畫及進度均應落實宣導，讓所有同仁清楚知悉並凝聚共識。

3. 計畫與預算息息相關、互爲表裡

　　計畫與預算是一體的兩面，有具體的計畫，才需要預算的支應；會計部門主導組織各單位的預算作業十分辛苦，謹將年度預算的編製程序提供讀者參考：

　　⑴ 定義會計科目與範圍界定。

　　⑵ 財會單位要準備前一年的各項費用支出供參考。

　　⑶ 總目標應訂定各項重大費用支出的比例。

　　⑷ 確認組織的收／付款及應收帳款政策。

　　⑸ 財會單位準備工作底稿及相關表格並規劃「預算作業系統」。

　　⑹ 舉辦預算編製說明會。

　　⑺ 各部門於期限內完成年度計畫及預算編製。

　　⑻ 會計部門彙整並進行試算。

　　⑼ 經營者評估調整預算。

　　⑽ 相關單位及財會部門修正預算（修改作業可能需數次）。

　　⑾ 確認預算並交付執行。

8-5　上班族的計畫管理作業

　　專業上班族在工作中必須依照組織的目標訂定工作計畫及執行進度，而企業使命及願景的達成，也有賴各功能部門及人員周詳的規劃及貫徹執行力。

以下說明公司整體計畫的內容與項目：

1. 企業年度計畫的項目

企業組織年度應訂定的重要計畫，謹以部門區分，表列如下，提供參考：

部門區分	目標／計畫項目	備註
企業組織整體	＊年度營業額、業績目標。 ＊各部門費用（率）。 ＊獲利率。	區分產品別／ 地區別
產品部門	＊產品發展及開發計畫。 ＊產品生命週期規劃。	
業務（行銷）部門	＊月分營業額。 ＊月分產品銷售預估。 ＊產品行銷計畫（參展／廣告）。 ＊客戶開發與服務計畫。 ＊出差、參展計畫。	
人力資源（管理）部門	＊年度人力需求計畫。 ＊組織規劃。 ＊年度訓練計畫 ＊人員招募計畫。 ＊管理制度規劃。 ＊總務管理計畫。	調查各單位需求並分析彙整
製造部門	＊生產計畫。 ＊良率目標。 ＊損耗率目標。 ＊交期管理。 ＊倉儲管理作業。	
研發部門	＊產品研發與改良計畫。 ＊新產品開發時程目標。	
採購部門	＊採購交期目標。 ＊降低成本目標。 ＊供應廠商開發與管理計畫。	

部門區分	目標／計畫項目	備註
資訊部門	*資訊系統建置計畫。 *網路安全管理計畫。	
稽核室	*年度稽核計畫。	
總經理室／ 董事長室	*經營管理計畫。 *媒體公關計畫。 *專案推動計畫。	
財會部門	*應收帳款政策。 *授信額度政策。 *結帳品質及效率。 *銀行授信與融資規劃。 *資金避險及投資規劃。	

2. 組織年度計畫／預算作業執行步驟與內容

執行步驟	內容	準備工作及資料
擬訂年度計畫與預算作業的時程	*排定執行進度。	*承辦部門訂定作業進度。
實施訓練及說明	*說明預算編製的流程、進度，使用表格與相關作業須知。 *提供當年的預算執行數據及會計科目分類表，以利各單位編列預算。	*部門主管與承辦人員均應列席參加。
經營階層制定新年度目標	*檢討本年度的計畫達成情形及計畫執行的缺失。 *研擬次年的年度目標。	*經營報表及檢討報告。
制定布達新年度的目標	*除了組織整體的營業目標、獲利率外並訂定各部門的重要目標。 *目標應明確布達。	*計畫目標及數據。

執行步驟	內容	準備工作及資料
經營者與部門主管研討	* 為確保各部門依據總目標制定的計畫符合組織的預期，經營者應排定與部門一級主管會談的時間，溝通達成目標的計畫方向。	* 一級主管將達成組織目標腹案向經營者說明及研討。
各單位逐層布達目標與計畫	* 各部門依部級、課級等逐一布達組織目標。	* 組織所有成員須能清楚了解組織目標內容。
訂定部門計畫與預算	* 計畫／預算須周延思考依進度完成。	* 依據規範的表格詳實填寫。 * 計畫必須落實到最基層。
計畫彙整及預算審查	* 各部門訂定之計畫及預算由承辦部門彙整試算。	* 計畫部分通常由管理部門或總經理室彙整。 * 預算部分則由財會部門審查試算。 * 本項作業通常要往返數次，才能完成。
計畫研討會議	* 各部門將擬訂的計畫／預算向高階主管提報。	* 在報告的過程中，尚須針對有問題處加以修改計畫與預算。
年度計畫／預算布達說明	* 在年度開始前由經營者與一級單位主管，共同召開會議說明次年的計畫與預算。	* 年度計畫與預算經簽核後存檔並管制執行。
年度計畫與預算管控	* 定期檢討計畫／預算達成狀況。	* 各部門對於計畫／預算之差異必須提出差異分析及改善對策。 * 年度計畫與預算的執行要能與績效及獎懲結合。

3. 企業年度計畫的管控

公司目標及部門／個人計畫均需列入管控，同時定期檢討（通常為1個月），主要針對目標的達成、差異、原因、問題、改善方案等，提出檢討及改善的方案，以確實完成組織的使命，計畫達成狀況將成為考核部門及個人績效的直接依據。因此，個人的工作表現與專業能力均與計畫完成及成果息息相關。

另外，必須提出的重點是：在公司每月的工作檢討會議中，部門主管及個人應針對目標達成差異部分，做出具體客觀的分析及檢討，同時提出改善的方案及措施；在公私部門中，經常發生的狀況是，預定的工作目標無法完成，針對未能完成的理由申辯過多，一再解釋或卸責、推諉，忽略了提出改善對策的重要性；畢竟，如何達成目標才是組織最終的目的。

上班族應以目標達成為職志，具備這樣的專業素養與能力，讓你在工作職場上無往不利。

有些企業組織逐日檢視計畫達成的狀況，所以推動「日報」的管理制度，從基層人員至高階主管都必須在下班前填寫日報，並將報告傳送上一階主管，以及時掌握工作進度，確保組織目標順利達成。

多數企業每月定期研討年度目標成果，較之每日追蹤，其運用的差異，值得企業組織因應不同的管理需求，進行評估。

4. 計畫的調整，差異分析與改善對策

再周延的計畫，面對環境的變遷，總有需要調整之處，

計畫是預先就歷史資料的分析及環境的預測，所規劃的執行方案，如果計畫已不能符合經營的需求，就必須調整，然而調整的頻率不可過高，否則將會影響執行的效率，通常約3至6個月檢討調整計畫，組織年度計畫牽一髮動全身，一項目標與計畫的改變，可能影響所有的部門，例如：營業目標的調整、對業務人員的招募與訓練、新產品的開發、參展／廣告及各項預算都會造成影響。

計畫執行的過程，難免產生與設訂目標／數據／進度及成果的差異，責任單位必須提出差異分析，不論是落後或超前，都要詳加分析原因，如此才能落實計畫／預算的執行與管控。

企業的通病是，訂定年度計畫與預算時大張旗鼓，卻在檢討差異時輕描淡寫，無怪乎《執行力》（*Execution*）一書中，明確的告訴我們，「執行力不彰」是企業組織的大黑洞。

改善對策是計畫執行的重點，有了詳實的差異分析，就要提出具體的改善對策，一個專業的職場工作者，應該負責的對差異的狀況，提出可行的對策，才是落實組織目標的積極作為。

年度計畫與預算作業是組織運作的重要工作；專業上班族要有制定計畫、規劃進度、落實執行、差異分析、改善對策的完整能力，才能達成績效。

8-6 企業年度計畫執行的問題

1. 完美主義的濫殤

企業經營的故事，許多創業家秉持「雖千萬人吾往矣」的精神，展現「理想與完美主義」的態度與精神，這些成敗事蹟經常被提出討論，支持與否各有論辯。

目標計畫究竟要結合「市場需求」務實的規劃，還是秉持「理想主義」，擘畫未知的未來？這是一個複雜難解的問題，關聯的因素很多，考驗經營者的智慧與抉擇。

堅持「完美主義」，付出的代價與成本，相較獲取的效益，是值得探討與評估的議題！

計畫的訂定與執行，有許多可以遵循的方法，但企業經營者及主管的觀念，才是影響推動與執行的關鍵因素。

2. 年度計畫大拜拜

一家科技公司老闆要求各業務部門必須在次年成長20%業績，但是，企業沒有新產品，也沒有新市場的開拓及人員增補計畫；此外，面對高通膨，原物料成本不斷上漲，消費者的購買意願也持續下滑；員工們在經營者的堅持下配合演出，訂定了「一開始就無法達成」的目標計畫。

3. 如果我還是這個部門的主管

企業為了讓部門經理專心研討計畫內容，所以特別外租場

地，舉辦年度計畫的會議；此外，總經理要求主管們要訂定具成長性的目標，並且宣誓使命必達的決心；因此，所有人員上臺報告的第一句話，必須說：「如果明年我還是這個部門的主管，我將會執行下列的計畫！」

因為，如果不能展現企圖心，主管就得換人做。

4. 建立對「失敗」的正確觀念

「不是每個人都會成功的！」馬雲認為勤奮、執著、充實自己，改善社會的人會成功。他說：「我不是一個推崇成功學的人，我不喜歡看成功學，我只看別人怎麼失敗，從別人的失敗中反思什麼事情我不該做」，馬雲遭遇挫折不會自怨自艾，反而更加堅持自我，堅持理想。

如果所有的計畫都能實現，那麼人生就太美好了，不論是生活或職場，變數與挫敗時時伴隨在身側，這也是大家感慨「世事難料」、「不如意之事，十有八九」的原因；我們要對於失敗保持正確的認知與心態，才能屢敗屢戰、愈挫愈奮！

美國詩人喬治·伍德貝利（George Woodberry）說：「挫折不是最大的失敗，真正的失敗是你從未嘗試過。」

企業鼓勵冒險、正面肯定錯誤與失敗；然而組織資源有限，計畫失利一定要虛心檢討，成為未來成功的養分。

Google容忍錯誤與失敗，是對能力優秀的人而言。

Google鼓勵冒險失敗，因為有信心大部分的員工具備卓越及自省的能力，認清「建設性失敗」與「無建設性失敗」的差

異：組織要讚揚的是學習（相對失敗的成本而言，產生有價值的資訊），不是失敗！

Netflix的規則就是「沒有規則」，里德‧海斯汀（Reed Hastings）認為，多數公司制定的管理制度與規定，都是針對懶散、不專業及不負責任的員工。因此，只要避免僱用或適時淘汰這類的人員，就不需要規定了。

致力打造人才密度，並且減少控制，創造一個「自由與責任」（Freedom and Responsibility）的組織文化，讓所有人對目標與計畫負成敗的責任。

8-7　個人在組織中對計畫應有的認知

大多數上班族對於「定計畫」、「設目標」都很排斥，一方面是作業繁鎖，其次目標就像是框住孫悟空的緊箍咒，讓人備受限制且壓力沉重，然而，要讓企業組織齊心協力，向既定的方向前進，同時創造預期的績效，沒有嚴密的計畫，絕對無法整合資源、排除風險、迎向勝利。

謹將個人在組織中對計畫應有認知，條列於後：

⑴ 要能清楚的了解組織（主管）的目標與期望，如不清楚應溝通確認。

⑵ 依據組織（主管）所賦予之目標，訂定執行計畫，並取得主管的認同。

⑶ 對自身能力及經驗不足處，應提出訓練及其他支援的請求。

⑷ 在執行工作時，應注意執行與計畫的差異，並做必要的調整與修訂。

⑸ 對於長期的工作計畫，應保持鍥而不捨的精神與絕不放棄的態度。

⑹ 即使計畫失敗，也必須清楚的分析原因並檢討改善。

⑺ 各項計畫之執行應保持完整的資料檔案，以便日後查考及參閱。

⑻ 整體的企業使命是由組織成員達成設定目標累積而成。

⑼ 面對困難、解決問題是計畫執行最有價值的經驗。

⑽ 個人的價值在於是否能完成組織交付的任務並創造績效。

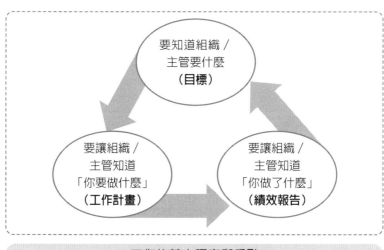

要知道組織／
主管要什麼
（目標）

要讓組織／
主管知道
「你要做什麼」
（工作計畫）

要讓組織／
主管知道
「你做了什麼」
（績效報告）

工作的基本程序與重點

變化快速的時代，「計畫常趕不上變化」；事前考量各種變數，可以增強成功的機率。

藉由教育訓練及實做來培養技能與經驗，是上班族具備計畫擬訂、管理控制、如期如質達成目標的唯一途徑。

8-8　關鍵人才的成長計畫九宮格

除了工作中的目標與任務之外，關鍵人才的自我成長計畫，可以藉由九宮格的方式，設定工作、學習、家庭、健康、理財等9個與工作及生活相關的目標；並以附件方式，明確規劃量化的指標及進度，勾勒努力的藍圖，並且定期檢核！

訂定激勵自我的目標，鋪陳用心與努力，養成日新又新、與時俱進的態度與執行力。

成長計畫的「九宮格」範例（如下表）：

成長計畫的「九宮格」（範例）

健康	學習	家庭
落實運動的333原則 年度定期健康檢查	＊報考EMBA碩士班。 ＊英文多益（TOEIC）成績達到900分。 ＊報名參加Python程式寫作班。 ＊每月閱讀一本書。 ＊購買線上學習課程。	＊每月與家人出遊及聚餐。 ＊每週關照父母的健康。
財務	**年度目標**	**人脈經營**
定期定額購買基金及ETF 每年檢討保單內容 減少購買衣服	＊組織與個人的工作與績效目標。 ＊年度績效考核達成「A」。	＊每月與同儕及好友餐敘。 ＊每週向主管請益。 ＊每月認識一位產業朋友。
職涯發展	**工作**	**休閒**
每季與獵才顧問研討職涯機會	＊每季如期如質完成一個專案。	＊每半年排定國內外旅遊活動。

1 先擬出期望達成的 **目標**	**5** 列出尋求 **支持的對象**
2 列出 **好處**	**6** 訂定 **行動方案**
3 列出可能的 **障礙點**	**7** 訂定達成目標的 **期限**
4 列出所需的 **資訊**	

耶魯大學的目標設訂7步驟

省思與研討

1. 試著用「5W2H1E」及「PDCA」來分析及訂定計畫。
2. 企業如何訂定及管控計畫?「差異分析」及「改善對策」為什麼重要?
3 運用九宮格,規劃自己的成長目標。

第9章

關鍵人才的
溝通協調技巧

溝通協調經典語錄

史丹福研究中心（SRI International）

你賺的錢12.5%來自知識，87.5%來自關係。

羅斯福（Franklin Roosevelt）

成功公式中，最重要的一項因素是與人相處。

艾默生（Ralph Waldo Emerson）

所謂的「耳聰」，也就是「傾聽」的意思。

王品集團前董事長戴勝益

複雜的問題，用複雜的方式處理，是學歷；複雜的問題，用簡單的方式處理，是能力；複雜的問題，用幽默的方式處理，是魅力。

溝通協調小故事

上市公司的老闆為了維護公司的形象，要求管理部經理推動員工穿著制服，無奈多數女性員工不買單，她們希望上班能展現自己的衣著妝扮品味，不想被拘束！

管理部經理傷透腦筋，最後他秉持「同理心」、「設身處地為人著想」的溝通原則，由所有女性員工直接與服裝公司研討，將衣著的樣式授權給員工決定，公司則無條件支持。

最後，終於達成共識，完成董事長交付的任務。

9-1　溝通協調的重要性

　　溝通協調與團隊合作的良窳，會影響工作任務的執行與結果，同時也是上班族能否成功的關鍵；溝通協調的技巧是職場上班族最重要的軟實力，從人力網站刊登的招募職缺中可以發現，各行各業的人資、業務、研發、生產等各類職務，在職缺條件的描述中，都會加上「表達能力佳，擅溝通協調」等要求，可見協調溝通力是企業選才特別重視的關鍵能力。

　　溝通的主體是「人」，而協調的主體通常針對「事」，良好的溝通協調也是達成目標的重要因素，在企業組織中擁有溝通協調的能力，除了能在工作上如虎添翼外，同時也能具備自信及優質的人際關係。

　　良好的溝通協調技巧，從觀念的建立及日常生活的實踐來養成。在企業組織的運作中，溝通協調不只侷限在人際間，舉凡制度流程、資訊系統、計畫執行等，都涵蓋在廣義溝通協調的範疇中；企業組織運作，在達成任務與使命的過程中，溝通協調扮演重要角色。

- 建立良好的互動關係
- 減低認知差距
- 形成共識
- 解決問題
- 創造組織的績效與利潤
- 組織永續經營

人際溝通的目的

9-2 職場上班族應有的溝通協調認知

個人如何培養良好的人際溝通協調技巧及組織的溝通機制，分述如下：

1. 溝通協調是「成事」的關鍵

人們常低估一件事情所需的溝通量，也忽略了溝通產生的觀念與理解的落差，以致發生「不如預期」甚至「事與願違」的結果。

成為關鍵人才的重要能力是，能夠把事情「講清楚，聽明白」。

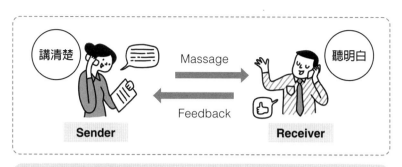

溝通的目的是「講清楚、聽明白」

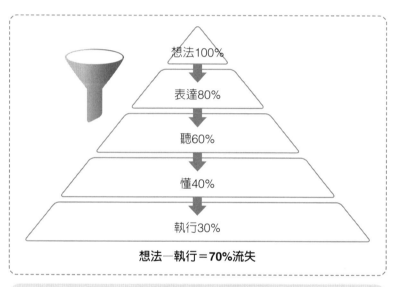

溝通的漏斗效應

在價值觀迥異、個人意識強烈的組織中,溝通是一個持續存在的挑戰,要打造具競爭力、避免內耗的團隊,經營者與成員需致力降低溝通的難度,創造與願景一致的公司文化。

管理者常以為有完整的制度規章及標準作業流程（SOP），就能確保工作順利執行，其實人際溝通及工作協調與流程制度同樣重要，如果執行的人員不能具備這樣的態度與能力，工作任務很難有效推動；我們千萬不要忽視了組織「溝通協調」對工作成敗的影響。

　　企業組織中，各項工作與任務的溝通協調，花費了可觀的人力與時間，許多組織由於溝通協調的機制不彰，形成了嚴重的內耗，不僅延誤商機，更會造成員工的工作挫折及形成推諉敷衍的組織文化，因此組織成員的溝通協調認知、意願與技能，對於工作績效的達成影響甚巨。

　　提供104人力銀行的溝通原則與文化，供讀者參考：

104人力銀行的溝通原則與文化

104會議溝通	104溝通個性
保持傾聽熱情	表達樂於溝通的熱忱
提出建設性意見（會前準備腹案），不要批評（參與會議的價值）	有困難，共同尋找解決方案
不同意，別陷入情緒對抗（保持情緒的可親性）	創造共事樂趣，願意成全別人
未達成目標，提出改善方案，並致歉意，莫自我修辭（承擔贏得敬佩）	創造不輕易讓人失望的公司文化
客觀說服（數據），主觀性結論（看法）	

2. 溝通協調需要不斷的學習

　　組織是一群人的組合，人與人間的觀念、想法、背景、經驗差異很大，所以容易在相處、共事中產生摩擦，衝突的發生

有其正面與負面的意義，但是要能以溝通協調來尋求共識、化解爭議，才能在組織運作中產生良性的循環。

溝通協調是一個相互了解及互動的過程，不同的意見可以激發創意與人際的包容力，也可以使人、我互斥對立，端看組織的個體能否積極的在異中求同、尋求共識，並以理性的態度去發掘對組織最有利的決策，溝通協調是人生不斷學習的課題，秉持客觀理性、設身處地為他人著想的立場，並站在公司的層面看問題，才能藉由不斷的交流互動，獲得組織最大的利益及個人的成長。

3. 溝通協調要有「意願」

「意願」是溝通協調的重要前提，沒有意願則溝通協調無法進行，在職場中大家各職所司、各有立場，遇有想法、看法、做法不同時，溝通協調就成為凝聚共識的必要作為；組織各項事務的運作，如果因為意見不同，而延誤了時效，將會損及企業的權益，職場的工作者應該清楚的認知，放下個人的堅持與立場，以公司整體利益為前提，隨時保持「意願」來進行溝通協調，才能創造組織卓越的績效。

4. 「面對面」溝通是有效解決問題的方法

網路與行動通訊的發達，溝通不再侷限於面對面的方式，電話、電子郵件（E-mail）、視訊、行動裝置、書信、簽呈等都是常用的溝通管道，不同的溝通工具各有其優缺點，但是面對面的溝通協調是最直接且有效的方法，根據行為學家的研究指出：

「人與人的溝通表達，文字僅占7%，聲音占38%，而肢體語言則占55%」，足見面對面的溝通，藉由人、我的互動及肢體語言的呈現，是最能展現誠意，也最直接有效解決問題的方法。

在辦公室中，即使坐在鄰座的同事，寧可使用E-mail或簡訊溝通，也不願多走兩步路當面解決問題，資訊工具與社群愈發達，人際間卻愈冷漠，這在組織溝通協調上不是個好現象。

5. 凡事反求諸己

我們不要預期別人能夠用符合我們想法的態度與行為來應對溝通，一個專業的職場人士，要能主動展現誠意與熱忱；我們常覺得這是「以熱臉貼別人的冷屁股」，然而成功的人凡事講方法，同時也會以大局為重，能夠整合意見，尊重包容他人，才是大將的風範。

9-3 成功的溝通協調態度

1. 溝通協調要有「同理心」與「對等」的心態

常常我們把溝通協調誤認為是「談判」與「說服」，但在這個「個人自我意識強烈」、「唯我獨尊」的時代裡，組織的各項工作在人際及跨部門的互動上，如果必須以談判與說服來執行，人際的關係必然緊張、疏離，因此我們要能有「同理心」與「對等」的心態，設身處地的為他人著想，思考一下別人的職務、工作職掌、立場與個性，才能在成事的目標下，爭

取他人的認同與支持。

「同理心」與「對等的心態」就是設身處地的站在他人的立場思考並看待問題，在工作中我們常批評別人「本位主義」，其實當組織、職掌確定後，本位思維就形成了，例如：製造單位的工作職掌是控制生產成本並提升生產效率與良率，而業務單位被賦予開發客戶及銷售的使命，產銷之間屢屢為了訂單的數量與交期衝突不斷；業務面對客戶的善變，造成工廠生產排程的變動；少量多樣的訂單也讓生產線變動頻仍、排程紊亂，形成部門間的對立及仇視。

業務與生產單位在工作職掌的堅持下，各有立場，如果不能有效協調、溝通想法，衝突對抗就會不斷上演，若能超越部門的本位，站在組織整體的眼光看待問題，就能在產銷議題的決策上，確保企業最大的利益，有效弭平爭端、凝聚共識。

2. 溝通協調要有耐心

強勢的溝通作為，可能爭取了時效，但卻失去了人心，一時有效，長期而言，可能是障礙，溝通協調是非常花費時間的，但在時間成本與未來效益的考量下，要能創造雙贏，就必須付出心力與時間，我們要以耐心與氣度來達到互信與共識的目的，展現團隊協同合作的力量。

3. 溝通協調需要誠懇與熱忱

溝通協調極具挑戰，職場上個人的自我意識高漲，部門本位的現象普遍，所以溝通協調變得十分不易。

大家常說「做事容易，做人難」，職場中，要能將組織的任務超越個人的性格與立場，要用誠懇及熱忱來促使組織使命的達成；即使面對與自己觀念、想法不同的人，專業的職場工作者要有「異中求同」的企圖心，以開闊的胸襟來面對異議。藉由組織中每個人的努力，就能夠塑造優質的溝通文化；反之，如果堅持己見、特立獨行，將形成窒礙難行、推拖、敷衍的行事文化，這絕對是企業的大災難。

4. 溝通協調必須認清問題

要能有效的藉由溝通協調來解決問題，首先要能認清問題的本質，問題必須依據Who（誰）、Where（何處）、What（什麼）、When（何時）、Why（為何）、How（如何），5W1H原則予以結構化，以理性評估分析、有效處理。

在問題的解讀上，訊息失真是一種常態，能掌握問題的真相，溝通協調就成功了一半，發明家查爾斯‧達爾文（Charles Darwin）說：「一個清楚陳述的問題，本身已解決了問題的一半」，愛因斯坦（Albert Einstein）說：「精確的陳述問題比解決問題更為重要。」

在問題的探詢上，要能深切的了解問題的成因，同時體會當事人的想法，不要否定對方的意見，善用傾聽及詢問的技巧，才能找出問題的核心。

- ◆ 溝通不是強迫對方接受
- ◆ 不可預設底線
- ◆ 要有「對等」的心態
- ◆ 要有「設身處地」的胸懷

成功溝通態度凝聚團隊向心力

9-4 溝通的步驟與流程

	自我的態度	對待他人	關鍵因素
溝通前的準備	理性／客觀／誠懇／耐心。	設身處地思考他人的立場／職掌／個性。	尋找問題的真正原因。
溝通的時機	考量事件的重要與急迫性。 考量雙方的情緒。		慎選溝通的時機。
溝通的主體與對象	考量自己是否為最佳的溝通對象。	考量他人是否為最佳的溝通對象。	運用關係管理的技巧，評估溝通對象。
溝通的場所	不被干擾、安靜／和諧／獨立的空間，讓人有安全感且能暢所欲言的環境。		合適的場所有助於溝通協調的進行。
溝通的管道與工具	面談／電話／電子郵件／社群軟體／會議／公文／簡報／視訊／書信。		面對面是最佳的溝通模式。
表達能力	＊不要否定他人的看法。 ＊建立共識。 ＊展現誠意熱情的肢體語言。 ＊別急著解釋述說，多留時間讓他人表達。	＊認同他人的感受。 ＊異中求同。	搶著說話、急欲表達是溝通失敗的重要原因。

	自我的態度	對待他人	關鍵因素
傾聽技巧	＊誠懇、耐心傾聽。 ＊適度回應。	＊善用傾聽的技巧。 ＊讓對方暢所欲言。	好的溝通者，「會聽」比「會說」更重要。
尋求共識	調整自己的想法／看法，尋求交集。	接受對方與自我的差異。	在異中求同。
創造雙贏	尋求達成共識。	肯定對方的想法與意見。	溝通協調的目的在創造雙贏。

傾聽是最有效的溝通方式，卻常常被忽略。

願意傾聽別人的意見，比如何說話重要得多。

傾聽使我們學習如何了解別人的需要。

傾聽讓別人知道你是多麼的重視他，並能獲得友誼、認同和共識。

傾聽的智慧

9-5　組織中常見的溝通問題

企業組織中，影響溝通協調的原因很多，不僅侷限在人際因素；從目標訂定到任務的執行、制度規章、流程作業、管理模式及個人的個性與心態，都會造成溝通協調的不彰，以下說明造成組織溝通問題的因素：

組織發生溝通問題的5大原因

區分	產生溝通問題的原因
制度與流程產生的問題	＊不合理、不完備的制度規章。 ＊冗長無效率的作業流程。 ＊組織成員未依據規範作業。
作業工具產生的問題	＊作業表單不符現狀。 ＊傳統工作未導入數位系統。 ＊資訊系統規劃不周，導致窒礙難行。
會議／研討產生的問題	＊會議無具體結論；「議而未決、決而未行、行而無果」。 ＊沒有清楚詳實、區分責任／義務的會議紀錄。 ＊妥協、退讓，導致錯誤的決策。
主管因素產生的問題	＊主管能力不足。 ＊主管不能以身作則，未持續追蹤及要求工作執行。 ＊主管未提供指導與協助。 ＊主管未落實獎懲制度。
員工因素	＊員工的工作能力與工作意願不足。 ＊員工的人際互動與溝通協調不佳。 ＊工作量與工作壓力因素。 ＊未善用工具與資源，輔助工作執行。

9-6 如何建立良好的人際關係？

　　良好的人際關係與溝通協調互為表裡，都是促進組織成員彼此交流與合作的重要關鍵，經過心理學家的研究與分析，將影響人際交往的心理障礙歸納為「自我中心」、「個性猜疑」、「嫉妒心重」及「自卑感」等項，我們要能在人際間建立自信，要能謙虛、理性、寬容、接納，這些觀念與態度必須在團隊互動中逐步磨合。

每個人都有自己的缺點及盲點，藉由人際相處及從爭議與衝突中學習，虛心自省與檢討，就能在人際關係的成長上逐漸成熟，以下就如何建立良好的人際關係簡述如下：

職場中建立良好人際關係的方法

區分	態度與方法
觀念與態度	＊具備真誠、服務的心。 ＊尊重自己、尊重他人，並維護他人的自尊心。 ＊建立內部客戶的觀念。 ＊尊重團隊決議。 ＊重視工作倫理。 ＊服從主管領導。
為人處事	＊對事不對人。 ＊勇於認錯。 ＊不攻擊、謾罵及批評他人。 ＊表裡一致（不人前一套、人後一套）。 ＊謙虛待人。 ＊合宜的應對進退及注重商業禮儀。 ＊奉行誠信、操守並履行承諾。

9-7 處理組織衝突的方法

在企業組織的運作當中，衝突的產生在所難免，衝突是溝通的開始，衝突有其正面與負面的雙重意義，我們通常看到衝突的負面象徵，而忽略了衝突也有積極意涵，組織良性的衝突可以激發創意，鼓勵不同意見，也可以刺激溝通協調的運作及活絡組織與人際的互動，發生衝突時如何化解，以下將解決的方法提供如下：

化解衝突的方法

區分	態度與方法
個人方面	＊心平氣和、保持理性。 ＊對事不對人。 ＊注意遣辭用句及肢體語言，勿刺激、觸怒對方。 ＊控制情緒，不動怒。 ＊不惡意批評。 ＊傾聽對方意見。
主管方面	＊主管有協助解決爭端與衝突的責任與義務。 ＊清楚確認問題成因。 ＊公平公正，不偏袒任一方。 ＊安撫情緒，以理性解決。 ＊問題須追蹤及管控。
組織方面	＊建立問題反映的管道。 ＊以會議協調衝突，並做成會議紀錄，追蹤缺失改善狀況。 ＊落實獎懲及維護組織紀律。 ＊塑造溝通協調的組織文化。 ＊強化溝通協調與衝突管理的教育訓練。 ＊針對發生衝突的因素加以規範。 ＊確認衝突、缺失不重複發生。
非正式組織	＊探討組織中的情報網絡／諮詢網絡及情感網絡。 ＊清楚組織中的強連帶與弱連帶。 ＊以人際網絡及關係管理來解決爭端與衝突。

9-8　修一堂與主管溝通相處的必修課

根據統計，有64%的上班族認為與主管「溝通困難」，他們不滿主管的作為，這也是員工離職的重要原因。

1. 離開主管，而不是離開公司

有個流傳在職場的笑話：「在公司茶水間或是員工聚會的場合，聊天談話的內容，有80%是抱怨工作、批評主管的！」

此外，上班族轉換舞臺的原因，大部分與管理者有關；員工想要離開的不是公司，而是主管。

企業老闆與主管真的這麼昏庸、無能、顧人怨嗎？

絕大多數的公司，並不會因為員工不滿或是掛冠而去，就落入無法經營、虧損倒閉的局面；反而逆勢成長、創新績效的不在少數。

究竟員工與老闆及主管之間發生了什麼問題，讓原本的革命夥伴，變得漸行漸遠、反目成仇，甚至分道揚鑣？

這是個難解的習題，一直困擾著職場上班族，也成為工作不開心，煩惱與壓力的重要來源。

2. 與主管相處的必修課

如果上班族朋友能夠有效「向上管理」經營與主管的關係，而且相互尊重、融洽相處，就能將心力投注在工作中，不僅可以創造績效，也有助工作穩定與職涯成長。

所有的職場上班族，都必須修一堂「如何與主管互動與相處」的必修課，因為我們無法選擇主管，也不能只站在自己的立場與角度看問題；企業組織唯有強化共識、凝聚向心力，才能夠消弭歧見、減少內耗，共同創造商機與營收！

主管負成敗責任，在部門管理、目標設定、績效達成等議題，必須站在公司的角度看問題，上班族朋友如果能換位思考，站在管理者的立場思考，應該能夠有效改善、平衡與主管的關係。

上班族朋友分享職場的實際案例：

(1) 老闆與主管交辦事項，列為最優先項目

初入職場，不清楚老闆的個性，有次老闆交待完工作，順口說：「不急，慢慢來」；正當她還沉浸在老闆的體貼與溫暖中，沒想到，上午11點交辦的工作，下午1點上班就來電詢問完成了沒。

她頓時感到詫異與不解，幾次經驗後，終於知道「不急」只是主管的口頭禪，每位老闆都是急性子，如果沒把交辦事項列為最優先項目，你就慘了！

(2) 主管說你好，請先惦惦自己的斤兩

面對工作，上班族都期待得到主管關愛的眼神，小紅也一樣，會議中主管多次公開表揚她工作做得很好；但是，年度考核與調薪時，結果卻不盡理想，她不知道出了什麼問題。

前輩提醒她，主管講你好，有時只是客套話，或只是說給別人聽，「最好惦惦斤兩，看看自己真的表現那麼好嗎？還是主管別有用心」，另外主管如果說你不好，你一定非常有問題！

(3) 主管要你做的，其實是不要做

我的第一份工作在傳統產業當管理專員，公司上市後斥資購置總部大樓，美侖美煥的辦公環境受到客戶與訪客的讚賞；老闆經常陪同外賓參觀新辦公室，也接收到很多的改善建議，老闆叮囑我記下來，並且立刻去做。

參訪結束後，財務經理提醒我，老闆說要做的事，必須以書面再次確認，千萬別把老闆在客戶面前承諾的事，當成必須執行的工作。

原來，老闆說的事，不一定要做，要看他是在什麼場合、面對什麼人及說話的動機與立場是什麼，要猜透老闆與主管的心思，是不是既費神又燒腦？

⑷ 主管找你溝通，本質是下達命令

小紅接到經理的電話，請她隔日一早到辦公室，溝通一下業務拓展的工作計畫；她既興奮又開心，連夜整理了許多看法與意見，期待能與主管仔細研討，好好表現一番！

沒想到，進了主管辦公室，經理只花了10分鐘交待做法，完全沒給小紅表達的機會。

各位上班族朋友，主管找你溝通討論前，絕大多數內心已有定見；如果過於樂觀，心存改變現狀的想法，多半會以失望告終。

與主管及老闆相處是一個饒富智慧的挑戰，能與不同個性的主管相處共事，是上班族必修的一堂課！

多元價值觀及員工意識抬頭的趨勢下，組織的互動與人際關係更為複雜與嚴峻。員工與老闆相處是一門藝術，此外，主管同樣因為部屬的工作態度與負面情緒感到困擾；同理心與溝通能力，是人與人相處的潤滑劑。

成功的職場人士，都具備強烈的成就動機，並且能夠貫徹主管的企圖心，工作表現超越老闆的期待；這些優秀的上班族，也能藉由「向上管理」的能力，與主管良性溝通、並肩作戰，在職場上發光發熱。

上班族如何做好「向上管理」？

	項目	內容
1	了解主管的個性及行事風格。	主管有自己的做事原則及管理風格，平時可以多加觀察及體會。
2	秉持「同理心」與「設身處地」為他人著想的態度，站在主管的立場想（看）問題。	主管負成敗責任，部屬要站在主管的職責及高度看問題，不能只考量個人的認知與感受。
3	觀察其他同仁如何與主管溝通及相處，也聽取建議。	聽取資深同仁的意見，觀察主管處理個案的行為與態度。
4	平時與主管建立融洽關係，給主管好的印象，了解主管對自己的觀感與評價。	與主管建立好的人際關係，努力達成工作績效，獲得主管的重視。
5	保全主管的尊嚴與面子。	千萬不要公然反駁主管或是損及主管的顏面。
6	慎選溝通的時機與場合（地點）。	選擇私下的場合溝通，為主管保留彈性空間。
7	溝通前，了解主管的狀態（工作與心情）。	別在主管煩躁、心情不好時找主管溝通。
8	思考及設定溝通的可能結果，預做心理準備。	預設幾個溝通的結果，給主管臺階下及轉圜的空間。
9	理解主管「同意」或「不同意」的原因，為下次溝通做準備。	檢討溝通的經驗，找出問題；讓下次互動，有更好的表現。
10	感謝主管的支持，尊重主管的決定。	不管能否成功溝通，都要保持理性與尊重主管的態度。

9-9 「找對人」才能消弭組織溝通障礙

我們必須理性的認知，「人」是不容易被改變的，個性與心態的調整，要在個人意願及自我驅策下，靠時間與歷練方以致之；在企業組織中，我們常會發現，許多人很難溝通，因此，講究績效與人和的組織，必須當機立斷搬走阻礙溝通與進步的大石頭。

集合一群人往同樣的目標前進，要像傳教士一樣，不厭其煩、不屈不撓的傳達宣導核心價值，例如：104人力銀行身為臺灣人力招募平臺的龍頭企業，創辦人楊基寬將「幫助」的精神融入在企業經營中，不斷灌輸團隊成員將「以幫助為實」的觀念，落實在工作與商模中。

進入104的員工需檢測具備「幫助」精神的人格特質，也要在工作之餘，以身作則投入協助求職者（be a giver）的行列，致力服務企業與求職者！

「找對人」，是企業的大挑戰，專業的職場工作者，除了專業知識與技能外，溝通協調能力是最重要的個性特質，如果不具備協調互動的能力，組織人際衝突將不斷上演。

企業組織中，許多的主管是在專業領域中表現出色而獲得晉升，這些具備研發、業務、技術背景的主管，很多在溝通協調的能力上，沒有完整成熟的鍛鍊；企業共同的經驗是業務戰將（top sales）一旦因為戰功彪炳，而被提升為部門主管，經常會是組織的大災難。

主管最重要的任務是整合發揮團隊的戰力，在跨部門的協調溝通上扮演推手，如果主管溝通協調的能力與意願不足，則整個部門的運作將會落入雜亂無章、負向循環的局面，企業用人及選才不可不慎。

　　組織的溝通協調文化，受經營者的影響十分深遠；如果經營者實事求是、追根究柢、貫徹執行力，則組織成員自然能夠朝向互助協同的良性循環發展。

　　然而，許多經營者漠視溝通障礙，縱容組織派系與主管鬥爭的亂象，將嚴重打擊人員的工作士氣與向心力，也會影響組織績效的達成。

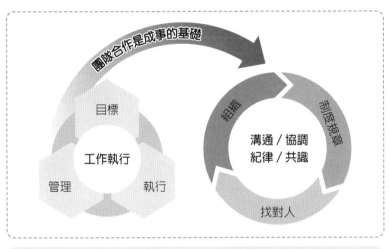

團隊合作的成功要素

9-10　上班族的自我期許

企業組織由人組成，在這個講究速度的時代裡，個人的溝通協調能力是企業最重視的特質；然而，社會普遍存在「自我中心」及「價值觀差異」；人與人的關係由於網路的興起，更顯疏離，在職場中要能與所有人維持良好的關係，十分不易。

生活上，我們可以選擇相互認同的朋友，但在職場上，卻必須與個性、背景、專長、價值觀不同的人合作，這是一件極具挑戰的事情，由於工作講求的是速度與效率，如何反求諸己，學習溝通協調與衝突管理的技巧，同時以身作則，做一個以組織為先、以任務為重的上班族，是塑造專業形象的重要課題。

在人際的交往中，體諒別人的立場、顧全大局、寬闊胸襟、接納不同的意見，才能在職場生涯的試鍊中，培養自己的領袖人格，同時彰顯不可取代性。

工作中，每個人都一樣聰明，最後決定勝負的不是聰明才智，而是智慧、胸襟、人品與氣度。

省思與研討

1. 成功的溝通協調態度有哪些？
2. 舉出在生活及工作中，溝通協調成功及失敗的案例。
3. 職場中如何建立好的人際關係，並與主管及同儕相處融洽？

第10章

關鍵人才的表達力與簡報技巧

簡報表達經典語錄

....○..

愛因斯坦（Albert Einstein）

如果你沒辦法簡單說明，代表你了解得不夠透澈（If you can't explain it simply, you don't understand it well enough.）。

戴爾·卡內基（Dale Carnegie）

將自己的熱忱與經驗融入談話中，是打動人最簡單及快速的方法，也是必然要件。如果你對自己的話不感興趣，如何期望他人感動。

臺大電機系教授葉丙成

想要在臺上做好簡報，別無他法，就是不斷練習。

簡報表達小故事

....○..

上市公司舉辦晉升人評會，被提報升遷的人員必須向由主管組成的審查委員做30分鐘的簡報；有3項報告的內容：第一、獲得推薦晉升的原因（具體表現與績效），第二、晉升後的抱負與作為（計畫執行），最後是接受主管們的提問。

一位任職3年的會計部專員，獲主管提報晉升為課長；她為了準備簡報，壓力大到1週都睡不好覺，輪到上臺報告時，她呆立在講臺上不停落淚，緊張得一句話都說不出來。

很可惜，她因未能完成簡報，而失去年度晉升的機會！

10-1 表達力是個人品牌的化妝師

1. 主動表達，展現專業與風範

美國史丹佛大學商學院發表一份追蹤該校MBA畢業生長達10年的研究調查報告顯示：在校學業成績好壞與日後的成就沒有絕對關係，反倒是「與別人交談的能力」會影響日後能否成功。

受到教育體制與社會文化的影響，臺灣學生與上班族主動表達的能力與意願不高，因此在學校與職場上，各項會議與培訓課程，進行到問題研討時，臺下通常是一片沉默。

表達力及簡報技巧是當前職場的關鍵能力；在這個講求行銷的時代裡，未能具備良好的表達能力，即使擁有高深的專業知識也無法完全展現；社群與自媒體蓬勃發展，許多網紅（YouTuber）勇於自我表現，藉由卓越的表達技巧，不論在「知識傳遞」、「直播帶貨」等新型態商業模式上，創造了驚人的利益與影響力。

2. 嘴要能說，手要能寫

臺大心理系黃光國教授分享自己進入職場的心得，他說：「當兵退伍前，思考進入社會，需具備什麼能力，才能與他人競爭，最後，得到兩個答案；一是『嘴要能說』、二是『手要能寫』！」

大家很好奇，現代人都受過很好的教育，誰「嘴不能說」？「手不能寫」？這兩項能力，似乎不是那麼重要。

其實黃光國老師想表達的是：一位專業人士空有滿腹經綸，如果不能具備良好的語言及文字表達能力，來傳達自己的觀念與想法，無法獲得他人的肯定與認同。

建議大學生、社會新鮮人及廣大的上班族朋友，不要忽略了讓你馳騁職場、成功立業的重要關鍵能力！

競爭激烈的職場中，藉由精銳的表達與簡報技巧，能突顯專業及建立品牌形象，獲得客戶、主管、同僚的信服與肯定。

善於表達／說明者	不善表達／說明者
▶ 被視為頭腦清晰、聰明、有能力。 ▶ 在工作中能博得較實際成果更高的評價。 ▶ 易被委以重任。 ▶ 出得了大場面。 ▶ 容易交涉成功。 ▶ 工作遇瓶頸，較易獲得支援。 ▶ 能夠發揮影響力與領導力，並成為意見領袖。 ▶ 可獲得主管與部屬的信任。	▶ 被視為頭腦差、工作能力不足。 ▶ 即使透過工作成果，較難獲得認同。 ▶ 無法委以重任。 ▶ 難賦予領導管理的職務。 ▶ 工作遇瓶頸，較難獲得支援。 ▶ 無能力說服他人，因此無法有效傳達自己想法。 ▶ 無法得到主管與部屬的信任。

資料來源：網路

善於表達者的優勢

10-2 職場公眾表達力的培養

1. 把握練習的機會

在大學開設「簡報製作與表達」課程的葉丙成教授，鼓勵同學勇於嘗試及練習，因為「至少要上臺20至30次以上，你才能抓到訣竅」。

沒有人天生辯才無礙，要有良好的表達能力，必須利用各種機會不斷的練習。

有位上市公司老闆，由於不善表達，每逢參加員工婚宴時，都要請幕僚撰寫講稿，同時召集主管模擬演練，透過大家的建議來調整改善；經過1年的練習，已不再依賴書面資料，同時能夠從容的在數千名員工前暢談經營理念。

「臺上1分鐘，臺下10年功」，「刻意練習」是培養對公眾表達最好的方法：畏首畏尾、羞於啟齒，難以練就口才辨給、舌燦蓮花的表達力；職場上班族要及早克服表達的心理障礙，培養專業的口語表達技巧，利用開會、研討、團隊活動等各種機會，爭取發言的機會，鍛鍊表達的勇氣。

2. 克服緊張

緊張會使表現失常，經常練習就是為了增加臨場經驗，克服心理障礙。

面對群眾的簡報表達，如果抗壓能力不足，或是疏於準備、時間控管不當、器材失靈、聽眾意興闌珊的狀況下，都會造成簡報者的不安與恐慌。

緊張容易壞事，克服緊張才能克盡全功，分享7點戰勝緊張的方法：

(1) 充分準備是致勝關鍵。

(2) 自然、口語化表達，以故事來鋪陳想法。

(3) 得失心愈重，愈容易緊張，別掛心觀眾如何審視自己的表現。

(4) 別太在意與會者的表情與動作，發現臺下觀眾滑手機或是夢周公，保持平常心。

(5) 秉持「樂於分享」的初衷，全力以赴，建立自信，放鬆心情與情緒。

(6) 累積經驗，習慣成自然。

(7) 肯定與鼓勵是增強表達意願與動力的特效藥。

1	充分準備是致勝關鍵。
2	自然、口語化表達，以故事來鋪陳想法。
3	得失心愈重，愈容易緊張。
4	別太在意與會者的表情與動作。
5	秉持「樂於分享」的初衷，放鬆心情與情緒。
6	累積經驗，習慣成自然。
7	肯定與鼓勵是增強表達意願與動力的特效藥。

7點戰勝緊張的方法

3. 做好充分準備是成功簡報的不二法門

　　針對簡報內容與進行過程，做好完善的事前準備；不論是開場白、自我介紹、主題的切入、數據的引用、例證的敘述、問答及結語等，做好完善的事前準備，不但能夠建立自信，也能從容應對臨場表現。

　　亞馬遜（Amazon.com,Inc.）要求簡報者將報告內容先寫成6頁的文章，清楚描述主題及內容，貝佐斯認為撰寫的過程，有利沉澱思考，藉由文字表達更容易被理解；準備簡報的過程，如果能將內容加以撰述，更能結構化表達的內容。

　　集中智慧與熱忱，用心把工作做得盡善盡美，簡報進行一定能順利圓滿、無懈可擊！

10-3　商業簡報的定義與分類

　　商業簡報（presentation）和演講（speech）之間有些類似，但兩者卻不相同，其中的差異在於執行的目的及進行過程的不同。簡報技巧是一門值得探討的主題，藉由簡報的訓練可以培養清晰思考、資料解析、言語表達及臨場反應的能力，使我們在職場上更具自信及專業。

　　依據台灣培生出版的《撰寫報告‧上臺簡報‧主持會議的核心技巧》一書中，將簡報依其目標，區分為下列幾類（以下1、2、3點摘錄自《撰寫報告‧上臺簡報‧主持會議的核心技巧》一書）：

1. 說明式簡報

主要是告知訊息或解釋某些事項，此種情況下，簡報者已掌握傳達的資訊，所以不需要仰賴與觀眾的互動來取得資訊。這種型態的簡報，用於報告或說明計畫、解釋工作進行方式，或公司策略的布達。

2. 說服式簡報

旨在說服對方，可能是讓對方接受一個想法、一項產品，或者改變他們的觀念或行為。像是銷售產品、要求提供創業資金，或是接受你的報價等。你必須了解，說服式簡報大多牽涉到感情的鼓動，不只是知識的了解而已。

3. 諮詢式／參與式的互動

當你想從聽眾身上取得資訊時，可採用諮詢式／參與式的互動模式。你可能是缺乏足夠資訊，需要了解其他人的意見、想法，或者是需要觀眾共同激發創意。以「諮詢」的方式來進行，你可以設計討論的內容；以「參與」的方式進行，則是開放討論內容而不加以限制（例如：腦力激盪活動）。

說明式簡報	說服式簡報	諮詢式／參與式的互動
主要是告知訊息或解釋某些事項，用於報告或說明計畫、解釋工作進行方式，或公司策略的布達。	旨在說服對方，可能是讓對方接受一個想法、一項產品，或者改變他們的觀念或行為。	想從聽眾身上取得資訊時，可採用諮詢式／參與式的互動模式。

商業簡報類別

10-4 簡報事前的準備項目

在職場上，公眾表達及簡報的機會很多，我們經常要針對市場、產品及各項專案與任務向主管、客戶、同仁做簡報；如何做好簡報，值得所有上班族深入了解並學習實務的技巧，讓自己成為專業的簡報達人。

項目	內容說明	備註
簡報的目的	＊清楚了解簡報的目的，有助聚焦及安排相關工作。	
確認簡報主題	＊規劃簡報主題及內容。 ＊訂定一個切題並吸引人的題目及副標。	
規劃準備的方向與範圍	＊界定主題範圍及涵蓋層面。 ＊主題過於龐大，應加以取捨及聚焦，以切合目的及議題為主。	

項目	內容說明	備註
簡報的對象	＊了解簡報對象的屬性、特質及背景有助於簡報的設計與準備。 ＊確認簡報內容能吸引出席者，也能提供應有的價值。	
簡報的時間	＊規劃每個段落的時間。 ＊簡報時間會影響準備的內容及資料。	根據成人學習的原則，一場簡報的時間最好長度在20至45分鐘。
簡報的地點	＊簡報地點的交通、停車、會場設施等，都是進行簡報前需評估、準備的項目。	

10-5　簡報準備的內容

項目	內容說明	備註
訂定簡報進行的程序	＊針對主題、時間與對象訂定簡報進行程序與內容大綱。	
蒐集資料與數據	＊除了既有資料外，並向研究單位、公民營機構、相關網站蒐集資料。 ＊彙整／過濾／整理資料、數據及報導，進行解析及論述。 ＊製作表格與圖表，讓簡報資料易於閱讀及理解。 ＊資料應作必要的驗證並註明出處。	
製作簡報檔案	＊簡報主題／簡報單位／簡報者／簡報者經歷／簡報時間逐一詳實揭露，以利自我介紹及簡報進行。 ＊簡報的目的與分享大綱。 ＊簡報內容條理分明，簡明扼要的點出主題或關鍵字，避免全文登錄，形成視覺壓力。	

項目	內容說明	備註
製作簡報檔案	＊簡報資料內容要能切中核心，不過於發散。 ＊善用圖表、流程圖、數據、影片來表達，能增進觀眾的興趣與印象，有助於簡報的豐富性。 ＊調整簡報資料的字體大小與配色（留意投影效果），以利與會者清晰閱覽。 ＊精心製作的簡報資料能提升簡報的品質及效果。	
道具／器材的準備	＊為了讓簡報更具有臨場感及公信力，可準備有助於與會者了解的道具及器材來強化簡報效果。 ＊道具可安排助理人員協助展示或操作。	例如：產品的簡報可準備實體產品供解說及操作使用。
簡報資料的印製	＊將簡報內容列印裝訂分送參與者，以利簡報進行時使用及與會者攜回參閱。	
簡報後問卷及測驗	＊簡報後如須實施問卷及測驗，事前完成準備（決定是否具名調查）。	提供小禮品有助回收問卷。

10-6　簡報前的行政作業

　　一場成功的簡報，有許多行政工作及庶務要完成；「工欲善其事，必先利其器」，大家千萬別忽略了這些細節。表列如下，供讀者參考。

工作項目	內容說明	備註
簡報場地	＊場地燈光、空調的配置及開關控制。 ＊簡報臺及會場布置（背板、歡迎、指示牌、引導接待人員）。 ＊座位安排及布置（名牌）。 ＊接待桌的位置。 ＊接待人員工作安排。	主要來賓及長官應安排於視覺效果最佳的位置。
簡報器材與設施	＊電腦、投影機、投影幕、簡報筆。 ＊錄音、錄影、拍攝器材、擴音設備與麥克風。 ＊網路、視訊設施。 ＊電源插座、延長線、音源線、轉接頭。 ＊攝影機、照相機。	
茶點／餐點	＊視需要準備飲料、茶點或餐盒。	
禮品	＊視需要準備紀念品。	
文具	＊筆、紙、簽到簿（系統報到）、資料袋、書面簡報資料。 ＊其他文具。	

1	了解簡報的目的、主題，構思簡報內容。
2	了解參與簡報的人員背景。
3	完整的蒐集相關資料。
4	製作資訊呈現的方式，要能清晰易懂，同時切中核心。
5	準備簡報資料（書面資料及電子檔）。
6	安排場地、時間、設備。
7	輔助器材及用品的準備。
8	報告流程的演練。
9	問題處理的練習。
10	注意穿著及儀態。
11	臨場應變及反應。

簡報的準備作業

10-7 簡報者的自我準備

　　一場成功的簡報，最重要的靈魂人物是簡報者；我們來探討簡報者的工作準備：

1. 事前演練

　　簡報前的演練非常重要，除非你已身經百戰，否則為確保簡報順利進行，預演是十分必要的工作；事前的演練除了確認所有的行政準備是否妥當外，重要的是簡報時間的安排、投影內容的呈現、簡報者的位置等事前熟悉，才能從容的進行簡報。

2. 注意衣著妝扮

　　個人形象是影響簡報成功的關鍵因素，如何在衣著妝扮上展現專業的形象，並獲得與會者信服，是簡報者必須重視的課題。

　　一般的商業簡報，男性衣著以西裝為主，女性則以套裝為宜，為了吸引觀眾的注意力，簡報者可以考量會場背景的色系，搭配較醒目的衣著，如果是百人以上的會場，更要能形成大家注目的焦點，以集中注意力；此外在頭髮的梳理、衣服的整燙、配件的搭配，都要能細心打理，一個服儀端正、舉止合宜的簡報者，可以贏得尊重與認同，也能讓簡報更具說服力。

10-8 簡報的表達技巧

1. 開場白

藉由時事或大家熟知且有興趣的議題，精心設計結合簡報主題的開場白，此外，說明簡報內容與參與者的關聯性，點出簡報的目的，誘發大家的興趣；好的開場白就像畫龍點睛，能夠吸引眾人的關注，也是簡報成功的基礎。

2. 自我介紹

幽默風趣的自我介紹，可以拉近距離，營造輕鬆的互動氣氛；除此之外，必須強調自己的專業優勢與權威性，結合開放分享的態度，建立大家的好感與信心。

3. 背景介紹

藉由簡報背景的概要說明，提綱挈領的闡述簡報的宗旨及報告架構。

4. 說故事的技巧

善用相關分析、數據、研究報告、名人格言，並採用說故事的方式，可以不著痕跡的牽引聽眾，進入簡報的情境中。

5. 適切的案例

舉出實證或案例，能夠讓簡報生動有趣並突顯主題內涵，增強了解與認同。

6. 保持良好互動

精彩生動的簡報，不能忽略與出席者的互動；讓大家有參與感，可以活絡簡報的氣氛，也是促進溝通，形成共識的好方法。

7. 不要一味念稿

照本宣科的念稿的方式，會讓簡報氣氛僵化，同時催人入眠。

簡報者要能以自然、淺顯易懂的用語，讓與會者輕易進入互動的情境；過多的專業名詞與艱深理論，只會與聽眾形成隔閡，無助於簡報目的的達成。

8. 運用摘要小紙片

為了提示簡報的說明及案例，簡報者可準備摘要小紙片，協助簡報的進行。

9. 適時使用道具及器材

除了口頭講述，適時搭配合宜的道具及器材，可以強化聽眾的理解及滿足操作的需求。

10. 從容、專業的態度及優雅的肢體語言

穩健的臺風、優雅的站姿、適宜的手勢及臉部表情（笑容）、音量控制、口齒清晰，表達不急不徐及聲音的抑揚頓挫，目光保持與所有人接觸，有助彰顯簡報者的親和力及專業形象。

11. 清楚點出解決的方案與效益

結論簡單扼要，且具創意與說服力，能打動人心；提出具體合理的解決方案與效益，展現簡報的意義與價值。

開場白

藉由時事或大家熟知且有興趣的議題，精心設計結合簡報主題的開場白。

自我介紹

幽默風趣的自我介紹，可以拉近距離，營造輕鬆的互動氣氛。

背景介紹

藉由簡報背景的概要說明，提綱挈領的闡述簡報的宗旨及報告架構。

說故事的技巧

善用相關分析、數據、研究報告、名人格言，並採用說故事的方式。

適切的案例

舉出實例或案例，能夠讓簡報生動有趣並突顯主題內涵，增強了解與認同。

保持良好互動

精彩生動的簡報，不能忽略與出席者的互動，讓大家有參與感。

不要一味念稿

照本宣科的念稿的方式，會讓簡報氣氛僵化，同時催人入眠。

運用摘要小紙片

為了提示簡報的說明及案例，簡報者可準備摘要小紙片，協助簡報的進行。

適時使用道具及器材

除了口頭講述，適時搭配合宜的道具及器材。

簡報的表達技巧

> **從容、專業的態度及優雅的肢體語言**
>
> 穩健的臺風、優雅的站姿、適宜的手勢及臉部表情（笑容）、音量控制、口齒清晰，表達不急不徐及聲音的抑揚頓挫，目光保持與所有人接觸。
>
> **清楚點出解決的方案與效益**
>
> 結論簡單扼要，且具創意與說服力，能打動人心。

簡報的表達技巧（續）

要	不要
✔ 多說故事、多舉例	✘ 不要用術語或縮寫
✔ 用講（talk），不用念	✘ 不要用過多的統計數字
✔ 簡短	✘ 不要超過設定的時間
✔ 切題	✘ 不要念、不要背
✔ 易懂	

簡報表達的要點

10-9　簡報常犯的錯誤

1. 簡報者的專業不足，對問題的了解不夠透澈，簡報欠缺說服力。

2. 不要將簡報會場的燈光關閉，只要調暗燈光，讓簡報投影的畫面清晰即可。

3. 簡報者不要以手或身體擋住投影機的光線，應在固定位置的範圍內活動，善用簡報筆來指示重點。

4. 避免口頭禪、不雅的用詞及不莊重的肢體語言（手插口袋、手臂環胸、抖腳等）。

5. 簡報者不宜坐著簡報，應站立簡報，以尊重聽眾並形成視覺焦點。

6. 簡報者不要低著頭念資料，忽略了與出席者的目光接觸。

7. 適度控制音量，以清楚傳達簡報內容。

10-10　簡報時間的控制

　　簡報必須準時開始，嚴密控管內容說明及互動研討的時間；一場簡報可能因為時間掌控不佳，讓效果大打折扣；在忙碌的工商社會中，時間的控制非常重要；如果因為問題的研討而延誤時間，應先結束簡報，於會後再與提問者討論或是以書面回覆，否則會讓參與者不耐，是簡報的一大敗筆；「準時結束」考驗著籌辦的功力與專業。

10-11　回答問題的技巧與注意事項

　　為了交流彼此的想法與意見，簡報結束前預留時間進行問題研討（Q&A），達到交流及蒐集意見的目的。

1. 事前安排、自我提問以引導誘發聽眾提問。

2. 對於發問者，要先肯定其所提問題，例如：這是個值得探討的好問題。

3. 回答問題前先行複誦，以釐清問題的真意，並讓與會者清楚問題後再解答。

4. 簡報者回答問題時，要對著所有來賓，而非只面對發問者。

5. 注意回答問題的時間控制，保留其他人提問的機會。

6. 遇難以解答或需耗時處理的問題，可以會後再溝通交流，避免占據時間。

● 針對可能提出的問題，事前做好答覆的準備。

● 確認問題內涵再回答。

● 即使是批判性的問題，也不可影響情緒。

● 掌握問題核心，正確簡潔回答。

● 如有不明白的問題，調查後再回答。

● 不支吾、不掩飾，誠實作答。

無懈可擊的Q&A訣竅

10-12 感謝參與及檢討改善

簡報結束，誠摯感謝大家的參與，為簡報畫下圓滿句點。此外，展開後續檢討的工作；不論是活動計畫與執行過程及問卷的分析、效益評估等，都需加以檢討，以利留下經驗，找到優化改善的空間，為下一場簡報做好準備。

省思與研討

1. 商業簡報區分為哪3類？
2. 簡報表達有哪些技巧？
3. 規劃一個10分鐘的簡報，同時選擇合適的場合進行發表。

關鍵人才的職場工作倫理

工作倫理經典語錄

統一集團創辦人高清愿

有德無才，其德可用；有才無德，其才不可用。

長榮集團創辦人張榮發

做任何事業，成功的祕訣就在道德！

菲利普・費雪（Philip A. Fisher）

公司的誠信（Integrity）是一種資產。

張忠謀

誠信可以興利，好的道德，也是好的生意；客戶因誠信對我們的忠誠度增加！

工作倫理小故事

　　媒體報導張忠謀太太張淑芬的小故事：有一次她要將公司的記事本送人，張忠謀問張太太有沒有付錢給台積電，因為秉持「公私分明」的原則，即使是董事長的眷屬，也不能無償將公務經費製作的記事本當做私人的公關禮物。

　　誠信是做人的基本原則，也是所有人需奉行的準則！

　　念研究所時，修習企業倫理課程，任課老師是曾任臺大校長、國防部長的孫震教授，每堂課孫老師都準時出席，並且親自印製講義給同學；課程中除了理論及案例的分享外，令人感受深刻的是他諄諄教誨、身體力行的身教；孫老師是經濟學家、教育家、政治家，不論在學術界或是公部門，孫震老師的行為舉止與風範，都是實踐倫理精神的標竿典範。

11-1　倫理的定義及企業相關倫理範疇

「倫理即是提供若干基本原則，以茲遵循，並據以判斷行為的善惡或是非」，在這個定義下，與企業組織相關的倫理議題就有企業倫理、勞資倫理及員工工作倫理；一個國家／社會／組織，穩定運行的動力來源即是「倫理」。

倫理是被認同的行事法則，「倫理」不僅限於書面或法律及制度的訂定，更多表現在態度與行為上，因此我們要能在職場中有為有守，受到肯定與尊重，對於倫理的認知及奉行，十分重要。

1. 企業倫理

國內研究「企業倫理」並大力推動的學者孫震先生，將企業倫理定義如下：「企業倫理是企業永續經營的基礎。只有在遵守企業倫理的原則上追求利潤，企業才能在長期中生存發展，並受到社會的尊重；也才能達成私利與公益和諧的目標。企業倫理是社會倫理的一部分，有助於社會倫理的發展，形成一個更有利於企業求成長與個人求幸福的文化環境。」

臺灣近年發生的黑心食品、劣質產品及汙染環境、仿冒、詐騙事件中，都可以發現企業組織違背倫理、賺黑心錢的行徑；其所造成的負面企業形象，終會被法律制裁，並被社會唾棄。

2. 勞資倫理

吳永猛、余坤東、陳松柏所著的《企業倫理》一書中，闡

述勞資和諧是企業組織營運的基礎；在倫理的建構上，雇主有支付薪酬、提供福利、建構合法的勞動條件及尊重受僱員工等道德責任，以建構良好的工作環境。

員工對於組織也必須善盡工作倫理，要尊重雇主、接受領導，並忠於組織與工作，同時展現誠信與專業，致力於工作使命的達成，勞資雙方都能善盡倫理的規範，即能創造勞資雙贏的境界。

3. 工作倫理

學者指出：「從員工的角度而言，工作倫理即是善盡其職責（包括在法令及道德的規範下服從職務的指揮），以追求組織目標的達成。」

企業組織為了達成願景與目標，藉由分工來協同合作，因此規劃設計組織圖，形成一個層次區分，權責分明的體系；組織由於專業、功能的差異與職務的設計，會形成一個支援、諮詢、管理的分工架構。

為了有系統、有效率的達成企業使命，團隊成員需重視指揮及從屬的體系；也要尊重公司的各項規範，並落實工作倫理，才能發揮整體的力量，營造優質的組織環境；工作倫理可以形成文化與紀律，大家千萬不要忽視工作倫理的重要性。

講求「人性化」的組織，尊重團隊、尊重專業、尊重工作、尊重人性，這些都必須建構在倫理的體系中，如果把人性化曲解為姑息放縱、散漫與懶惰，這樣的組織與個人將失去競爭力。

4. 工作倫理的重要性

　　⑴ 工作倫理是組織運作的基礎。

　　⑵ 上班族落實工作倫理能塑造正面與專業的形象。

　　⑶ 工作倫理能夠促使團隊合作及建立共識。

　　⑷ 工作倫理能夠創造勞資和諧、互利雙贏。

　　⑸ 職場工作倫理建構在學校教育、社會教化與自我的工作
　　　 價值觀。

　　⑹ 具備工作倫理的觀念與態度，是職場優勢競爭力的來源。

11-2　「倫理」無所不在

　　張忠謀說：「誠信是文明社會最重要的結構，一個社會、國家和世界喪失誠信，或誠信變弱，安居樂業就很難達到，甚至進一步會造成『經濟成長的極限』。」

　　倫理是一種內化的思維與精神，所有人都站在自己的崗位，謹守本分、以身作則、克盡職責、不逾越道德與法律的界限，這個社會自然就能井然有序、民生樂利。

　　乍聽「倫理」一詞，大家認為是老掉牙的思維與傳統，既過時又八股！但是，如果觀察一下周遭環境，就會深刻感受，這個讓我們覺得「有距離感」的名詞，其實是「無所不在」。

　　例如：坐捷運要排隊，搭乘手扶梯，人們習慣站右側，讓出左側通道方便趕時間的民眾通行，用餐、購物依序排隊，汽機車禮讓行人，種種的行為都展現條理有序的社會規範。

此外，大家對違背倫理的事件深惡痛絕，例如：食安風暴、論文抄襲、做假帳、收受賄賂、情感外遇及前陣子引起社會譁然的性騷擾「me too」事件，以及職場中發生的企業惡意資遣員工、主管霸凌部屬、上班族偽造履歷、洩露工作機密、違反資安規範；林林種種的現象與事件，都是違背倫理的社會事件，不僅造成人心動盪，也嚴重影響社會的安定與發展。

倫理就是符合社會認可的行為，「什麼該做，什麼不該做」。

11-3　企業倫理與工作倫理互為表裡

企業組織有不同的文化與規範，「誠信」是公認的行為準則；稱職專業的職場工作者，應具備工作倫理的觀念及「有為有守」的品行與操守，才能在職場上，受到長官、同仁、客戶的尊重與信任。

新世代年輕人，由於自我意識強烈，加上學校與社會未重視及落實倫理教育，因此「似是而非」的現象扭曲了社會的價值觀；這些倫理觀念薄弱的上班族，輕則違反組織規範、無法穩定任職；重則違法亂紀，受到法律的制裁。

此外，資本主義的高度發展，爭權奪利、浮華貪婪、金錢至上的風氣橫行；企業經營受到利益的誘惑，危害消費者及社會的事件屢見不鮮。

2011年阿里巴巴發生內部業務人員的舞弊事件，近百位業

務人員為了賺取高額獎金，默許2,326家詐騙公司加入阿里巴巴平臺會員，無視消費者的權益及公司的規範。

創辦人馬雲無法容忍姑息觸犯「商業誠信和公司價值觀」底線的行為，在2011年2月22日發布公開信道歉及滅火，信中提到下列重點：

「這個世界不需要再多一家互聯網公司，也不需要再多一家會掙錢的公司；這個世界需要的是一家更加開放、更加透明、更加分享、更加責任，也更為全球化的公司；這個世界需要的是一家來自於社會、服務於社會，對未來社會勇於承擔責任的公司；這個世界需要的是一種文化、一種精神、一種信念、一種擔當；因為只有這些才能讓我們在創業中走得更遠，走得更好，走得更舒坦。」

企業倫理與工作倫理互為表裡，在民主亂象與複雜混亂的環境中，如果企業與個人不能謹守倫理的分際，會讓國家、社會、企業與個人陷入失序的風暴中！

學者擔心，生成式AI與人工智慧的崛起，在有心人的操持下，「社會再無真相」；人性在功名利祿與貪欲的侵蝕下偏離倫理的軌道，而新興科技的不當使用，也讓社會增添危機與變數；大家看看無所不在的網路詐騙事件，就能夠理解在混亂的環境中，「出汙泥而不染」的倫理觀念與節操，多麼值得珍惜。

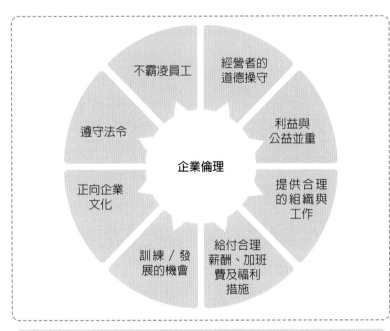

雇主的企業倫理

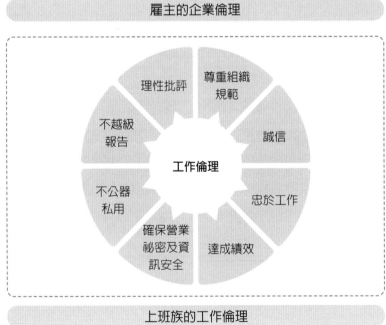

上班族的工作倫理

11-4　企業倫理與工作倫理的負面教材

1. 美國安隆公司（Enron Corporation) 醜聞案

　　美國安隆公司（Enron Corporation) 醜聞事件，是一椿震驚世界、違反企業倫理與道德的負面教材，這家位於休士頓的能源公司，是排名美國第七的大企業，年營收高達千億美元，然而，卻因為貪婪、貪汙腐敗、操作違法交易、做假帳，於2001年宣告破產。

　　這是美國歷史上最大規模的企業破產案件，連帶導致全球5大會計事務所之一的安達信會計師事務所因為審計失敗而解體！

　　安隆案讓人們看清楚企業為了攫取利益，如何地玩弄會計和財務報表，並且從事許多不可思議又狙獗的違法行為。

2. 國票百億金融弊案

　　臺灣在1995年8月爆發「國票百億金融弊案」，國票員工假造商業本票從臺銀騙走新臺幣近百億元，炒作高興昌股票；這個嚴重違反工作倫理的案件，使得股市重挫、國票被異常提領270億元，同時中央銀行更因此釋出714億元，穩定國內金融；而國票的200位員工、14萬名股東及社會國家都因此案而遭致嚴重的損失。

3. 理律國際法律事務所舞弊案

　　2003年知名的理律國際法律事務所，員工偽造印鑑，盜賣

「美商新帝」委託理律事務所之聯電股票12.7萬張，計新臺幣30億9,086萬元，造成了理律的重大損失。

除了組織違背企業倫理的案例外，台積電、鴻海、聯發科、HTC等企業都曾發生機密外洩或主管、員工收受賄賂的工作倫理事件。

企業倫理與工作倫理是一體的兩面，企業唯有建立正確的經營價值，才能建構正向的組織文化；職場工作者也能憑藉高尚的人品，得到信賴與肯定。

11-5　職場中主要的工作倫理議題

1. 尊重工作職務所賦予的權利與責任

落實工作倫理，首先要尊重組織賦予的工作權利與責任，對於工作職掌中所應擔負的任務，要有積極任事的態度，善加運用職務、職位所賦予的權力與資源，竭力達成企業使命。

權力與責任是一體的兩面，權力是為了達成經營任務而授予的，因此不論擔任何種職務，能尊重工作、善用權力、達成任務是職場上班族應有的認知。

例如：主管被組織賦予統率團隊的任務，對於部門內人員的出勤、工作紀律、人際互動、行為舉止都必須善用權力來輔導及管理，不能只注重工作的績效；而同仁則必須戮力達成主管與組織交付的工作。

企業中人人都要奉行倫理的精神，形塑「當責」的企業文化。

2. 迴避金錢與利益

金錢與利益是對人性最大的考驗，在功利與權位交織的複雜社會，我們如何能在工作中謹守本分、堅守工作的誠信與操守，是職場工作的重要守則。

在利益迴避的課題中，必須強調：「不要放任金錢及利益去測試人性的機會」，應該以制度來預防人性的弱點，克制人為弊端的發生；這是企業制定內控及設立稽核的目的，許多公司禁止二等親以內的親屬在同一公司或部門任職（甚至同一部門限制同學校畢業的人員）、禁止向關係人採購，訂定完善的採購招標流程，即是在杜絕及防制舞弊。

3. 不公器私用

職場中最常見的公器私用狀況為：私人電話、非公務使用網路資源、影印私人文件、私用公務車等等；公司的有形、無形資源，都是用以創造獲利，追求股東權益的最大化，如果員工公器私用，會侵蝕組織的利潤並影響工作的運作。

例如：組織成員若私自在工作時間上網，就會占據了頻寬，而造成公務傳輸的障礙；或是過度撥打私人電話，也會影響公務的連繫。

大家常以為工作時間上網、打私人電話是人之常情，久而久之原本錯誤的做法，就會形成陋習，風行草偃的結果，形成不良的風氣，直接影響工作的士氣與績效。

工作倫理必須從小處做起，在組織中建立正確的心態與行為，是振興工作倫理的方法。

在這個資訊化的時代，禁止私人電話、上網等行為，會讓員工覺得不夠人性化；工作倫理的展現，從工作者的自我認知與約束做起，由組織單方面要求，會造成員工的抱怨與不滿；所以，職場從業人員謹守分際、組織管理合乎人情，才能在管理與人性中取得平衡。

4. 保守業務祕密

保密是職場的基本倫理，競爭的環境中，商業機密的洩露會損及公司的利益，甚至危及組織的存續，目前企業組織任用新人或對外合作，都簽訂保密合約，確立相關的權利義務與法律責任，強調商業機密的價值與重要性，並確保組織的權益。

職場工作者在工作中要注意保守業務的祕密，尤其是在網路發達的時代中，更要隨時留意任何可能的洩密管道，善盡保密責任。

資訊網路時代，資料的存取與傳輸極為便利，機密外洩的管道多且不易設防，要保護企業的營業祕密，從業人員要能從自我做起，人人具備倫理意識，才是根本的防範之道。

在工作中不要去刺探不屬於自己該知悉的機密，公司常以顏色管理來區分文件處理的時限與機密等級，例如：白色卷宗（普通件）、紅色卷宗（速件）、黃色卷宗（密件），在公文傳遞及批閱的過程中，不要去翻閱及探詢不該知道的機密，除了奉行工作倫理也能確保資訊安全。

容易造成機密外洩的管道，提供參考如下：

⑴ 任意攜出檔案或資料。

⑵ 機密資料未做適度的管理（未妥善存檔，或在傳送過程中外洩）。

⑶ 外賓進出管制不當，放任人員隨意進入工作區，導致機密外洩。

⑷ 由網路、E-mail或社群通訊管道流出。

⑸ 不當的談話或發言中不慎洩露。

⑹ 收取不當的利益。

⑺ 離職人員攜出。

⑻ 廢棄資料處置不當。

⑼ 駭客入侵。

⑽ 釣魚信件。

5. 競業禁止

從法律層面去探討競業禁止，會發現一般企業體所簽訂的競業禁止條款很難成立，因為法律要求：「必須提出具體的損

害證據」；這在舉證上有很大的困難，然而就工作倫理層面來看，員工在工作中學習的種種經驗，如果離職後立刻投入競爭對手陣營，實在是有違工作的倫理及情義；尤其如果以所習得的知識與技能在商場上打擊老東家，這樣的行徑將背離道德的制約。

我們不是要當一個不食人間煙火的職場聖人，但是身處職場中，如何在同業的競爭及挖角中，保持自己的原則，在法律與倫理中找到立足點，考驗職場上班族的智慧。

6. 尊重智慧財產

現在是「知識經濟」的時代，知識是創造價值的重要元素，而智慧財產值得所有組織與個人予以重視；以往臺灣以仿冒聞名，被稱為「海盜王國」，在國家形象及產業的發展上，受到國際社會的批評。

在人民智識提升、國際合作頻仍的趨勢下，組織與個人都應秉持倫理的認知，尊重智慧財產。

11-6 上班族應遵守的工作要點

上班族應遵守的工作要點

區分	執行做法
制度與組織	＊遵守公司的制度規範。 ＊依組織的分工及職掌推動工作。 ＊服從主管的領導指揮。 ＊發揮團隊精神，與同儕融洽相處、合作共事。
工作職責	＊尊重工作賦予的責任及善用權力與資源。 ＊努力達成組織交付的任務，創造績效。
工作行為舉止	＊勇於任事，避免批評抱怨。 ＊尊重分層負責，不越級報告。 ＊善用公司資源，不公器私用。 ＊重視溝通協調，尊重少數、服從多數。 ＊承認錯誤及接受處分的勇氣。 ＊確保資訊安全，保守公司祕密。 ＊離職須詳實完成交接工作。

尊重組織文化及遵守章則彙編

了解個人工作職責及指揮／報告體系，清楚組織賦予的職責及定位

虛心接受主管的指揮及領導

不批評主管

不越級報告

在工作職場對主管尊稱其職務

應保守工作及公司的機密

謹守誠信原則，注重個人操守

工作倫理的實踐

省思與研討

1. 「倫理無所不在」，請舉實例說明。
2. 舉出違反企業倫理及工作倫理的案例，分析其影響。
3. 在工作中如何將倫理精神的實踐，化為職場競爭力？

第12章

關鍵人才的商業禮儀

商業禮儀經典語錄

英國詩人亞歷山大‧蒲柏（Alexander Pope）

真正的禮貌就是克己，就是千方百計地使周圍的人都像自己一樣平心靜氣。

英國作家瑪麗‧沃特利‧蒙塔古夫人（Lady Mary Wortley Montagu）

講禮貌不會失去什麼，卻能得到一切。

英國小說家、諾貝爾文學獎得主約翰‧高爾斯華綏（John Galsworthy）

尊敬別人就是尊敬自己。

商業禮儀小故事

現代上班族自我意識強烈、我行我素又漠視規範；有些人在辦公室與主管、同事形同陌路，忽視禮儀及應對進退，甚至中傷批評主管、同仁，與客戶交惡，這樣自私自利、舉止失措的行為，都是組織的頭痛人物。

此外，員工出勤不正常，未依規定事前請假，任由主管到處找人；不尊重體制、越級報告的也屢見不鮮。

一位基層的客服專員，每天衣著整齊、上下班問候主管及同事，請假、公出更是清楚交待，她謹守分際、重視禮節，屢獲客戶讚揚；任職3年就被提拔為客服經理，得體的應對進退與嚴謹的商業禮儀是勝出的關鍵！

12-1 商業禮儀是職場工作的潤滑劑

商業禮節是現代上班族不可或缺的能力，專業知識與商業禮儀，形於內外、相互襯托。要在職場中凝聚人氣，同時受人歡迎與敬重，良好的應對進退及謙沖合宜的禮儀，絕對是與人為善，廣結善緣的重要作為。

媒體報導，根據一份2023年7月的民調，有63%的美國企業打算在2024年推出職場禮儀課程，因為許多上班族將新冠疫情期間，在家工作的壞習慣帶到公司；個人居家上班的邋遢妝扮、環境破壞、飲食無常及口無遮攔等行為，都背離了團體生活的原則與規範；在工作中注重個人隱私、尊重及體貼同事，才能維持良好人際互動，促進團隊互動的正向循環。

職場上以禮相待，良好的應對進退能彰顯專業形象與氣質，除能受到歡迎，也容易建立良好的人際關係，對於工作的推動及執行，有莫大的助益；職場中由於每個人所擔任的工作與職務不同，所以也有不同的行為規範，以下謹就商業禮儀的重要觀念分述如下：

1. 留下好的「第一印象」

「第一印象」之所以重要，是因為「第一印象」只有一次建立的機會，不論是應徵面談、拜訪客戶，甚至電話諮詢與開發，第一印象的好壞足以影響後續的合作關係與工作的成敗，所以在工作環境及社交場合，必須要能注重細節、進退有據，隨時留給他人良好的第一印象，是職場成功的關鍵因素。

2. 幽默感是人際相處的潤滑劑

　　平易近人、幽默風趣能在職場受人歡迎與愛戴，展現幽默風趣不是嬉皮笑臉、講講笑話就能達成，必須具備溫暖熱忱、誠懇有禮的態度，加上尊重他人、謙虛自持的個性，同時能夠自我解嘲、將心比心，並且廣博見聞、旁徵博引，才能擄獲人心。

　　具有幽默感往往也是觀察入微、善體人意的表徵，在職場中具備幽默感，可以讓緊張繁忙的工作，平添歡笑與樂趣，也能結交朋友、廣結善緣、建立人際關係，拓展寬闊的人脈網絡。

3. 微笑是成功者最大的武器

　　營造好的人際關係，「微笑」是最基本的禮節，「微笑」代表友善、真誠與接納；「微笑」能拉近彼此距離，營造親和力。著名餐飲集團王品集團，培訓服務人員時，要求面對客戶時微笑以對，並露出「7顆半牙齒」，來展現迎賓的熱情與誠意。

　　簡單的「微笑」，能讓人備感溫馨，並展現禮儀與友善，我們何樂而不為。

4. 「傾聽」比表達重要

　　多數人急於表達，沒耐心聽別人的意見；現代人由於「自我意識」強烈，所以，常常選擇性的聆聽，對於不合己意的話，不自主流露輕視、否定的肢體語言，這樣的行為，非常失禮！

　　工作及社交場合，要學習尊重他人說話的禮儀，別打斷或強行插話；這雖是基本禮節，卻是忙碌心急上班族常犯的錯

誤；擁有良好的傾聽能力，適時合宜的肢體語言，都是展現禮儀風範的氣度與行為。

5.「真誠讚美」贏得人心

職場生態爾虞我詐，網路上形容同儕間的關係是「上班好同事，下班不認識」，其實在茫茫人海中能成為同事，都是緣分，能把握相處的機會，多加欣賞、肯定及讚賞他人，會形塑良好的人際關係，也是展現禮儀的作為；大家要待人以禮，常說「請、謝謝、對不起」；這些待人接物的基本原則，忙碌的上班族很容易忽略。

每個人天生都渴望得到他人的讚賞，同時畏懼責難；美國心理學家兼哲學家威廉‧詹姆斯（William James）說：「人類性情中最強烈的，是渴望受人認同。」「大部分人，一生只發揮了一半不到的才能，其他潛能在不知不覺中退化了，鼓勵與讚美可以激發人的能力，批評則會使人的能力枯萎。」

懂得欣賞、鼓勵讚美他人的上班族，能激發樂於工作與成長的潛能，是商業禮儀的實踐家！

12-2　職場重要的商業禮儀

職場上應注意的商業禮儀很多，謹就上班族經常運用的部分說明如下：

職場上班族經常運用的商業禮儀

項目	做法	備註
介紹	將卑位者介紹予尊位者（例如：將低階者介紹給高階者，將年輕者介紹予年長者）。	
衣著妝扮	1. 合宜的穿著是尊重自己、尊重他人的表現。 2. 工作場合以穿著正式服裝為宜（女性以套裝，男性以西裝為主）。 3. 注意衣服合身、洗滌及整燙。	穿著須考量場合及組織文化的特性。
交換名片	1. 隨身攜帶名片，並選擇合適的名片夾。 2. 右手拿名片遞送，左手接收他人名片。 3. 交換名片應適度問候，同時保持笑容，注目對方，以示尊重。	1. 多人研討，交換名片後可將名片依序排列於桌上，以利溝通。 2. 別在他人面前於名片上寫字。 3. 名片不慎掉落地面，是不禮貌的行為。
握手	1. 相互握手應適度輕握，不宜過輕或用力。 2. 男性與女性握手，應待女性先伸手。	
問候招呼	1. 逢人微笑招呼，親切問候，平時多利用問候，維持良好的互動。 2. 記住他人的姓名，尊重他人又能增進彼此關係。	
電話禮節	1. 通話先報自己姓名，詢問是否方便講話。 2. 長話短說，清楚表達及交待事情。 3. 言詞清晰，客氣交談。 4. 邊吃東西，邊講話是不禮貌的行為。 5. 代接電話及留話。 6. 注意及時回電，以示尊重。 7. 通話完畢，3秒鐘後輕掛電話，一般由發話方先掛電話。	

項目	做法	備註
訪客 來訪的 準備 工作	1. 事前告知總機接待人員訪客資料。 2. 重要客戶應製作歡迎牌。 3. 接待場所、會議室整理布置。 4. 視情況準備致贈的小禮物。 5. 準備茶水及點心,如有需要應備餐。 6. 相關人員準時出席及接待。 7. 結束訪談親送至電梯口,表達禮貌與 敬意。	
拜訪 約見	1. 拜訪應事先約妥時間,並準時到達。 2. 未事前約見逕行拜訪是不禮貌的行 為。 3. 整理服儀以留下好印象。	
長官 約見	1. 帶記事本及筆,以便記錄交辦事項。 2. 交辦任務,需複誦確認,避免認知差 距。	
參與 會議 / 訓練	1. 開會、訓練不遲到早退,不擅離會場。 2. 會議、訓練中關閉手機。 3. 服從多數,尊重少數。 3. 會議發言,控制情緒,對事不對人。 4. 尊重會議決議,並落實執行。	
電梯 禮節	1. 先出後進。 2. 讓女性先出電梯,再依尊卑依序而出。 3. 現代社會,為求效率可由近電梯出口 者先出電梯。 4. 電梯中避免交談。	
用餐 座位 禮儀	1. 圓桌面對入口的座位為主位。 2. 方桌則男女主人分開,以招呼賓客。 3. 許多餐宴會事先放置名牌,來賓依安 排入座。	
乘車 禮儀	1. 司機開車,右後方為最尊位。 2. 主管開車,主管旁為最尊位。 3. 有人下車,須依序補位,以尊重主管。	

- ▶ 合宜的穿著
- ▶ 注意交換名片的小節
- ▶ 握手的注意事項
- ▶ 隨時保持笑容，問候招呼
- ▶ 重視電話禮節

商業禮儀常見的重點

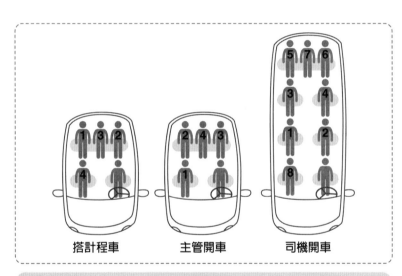

搭計程車　　　　主管開車　　　　司機開車

乘車禮儀

12-3　上班族的衣著妝扮技巧

2023年王家衛執導的大陸電視劇《繁花》，其中提到「做生意講究的是派頭、苗頭、嚎頭」，「派頭」指的就是衣著妝扮。

合宜的穿著是商業禮儀的重要環節，在這個高度競爭的工商業社會，成功職場上班族在衣著妝扮上必須要能配合自己的特性、工作、職位、年齡；同時因應不同場合，作適度的調整，以建立專業的形象；古語所謂「人要衣裝，佛要金裝」即說明外在合宜妝扮的重要性。

個人能否在職場上獲得認同及尊重，除了專業能力、協調溝通、人際關係之外，外在給人的視覺觀感，有助提升自信及強化專業形象；亞伯特・馬布蘭（Albert Mebrabian）提出的「7／38／55定律」指出，通常在看待一個人時，只有7%著重於講話內容，38%著重在表達能力，而高達55%的比重，取決於這個人的外表看起來夠不夠「專業」；「努力工作是成功的必具因素，然而懂得包裝自己，卻能讓自己比別人更容易達到成功」。

職場中如何能具備獨特巧思及合宜的自我妝扮技巧，是現代上班族重要的能力之一，也是尊重自己、尊重他人的禮儀展現，以下就上班族衣著妝扮應注意的要點，分述如下：

1. 能慎思自我的特性

做任何事情，都要有清楚的自我認知，在衣著妝扮上也是

如此，對於自我的喜好、身材、長相、膚色、髮型要先自我認清，才能在選擇服飾上做出正確的抉擇。

2. 配合工作／職務的特性

一般的上班族及服務業從業人員的穿著不同，員工及主管的穿著也不盡相同，在衣著妝扮上，各行各業有其不同的特性，例如：一般辦公室的上班族男性以西裝、女性以套裝為主，但是研發人員及廣告創意人員穿著明顯與辦公室人員不同；員工穿著可較活潑，而主管則需面對客戶與廠商，穿著上必須得體莊重、以身作則，成為表率。

3. 考量場合

上班族應留意不同場合的穿搭方式，上班與拜訪客戶的穿著不同，演講、簡報及日常的穿著也不同；如果在正式場合，穿著不得體，是十分不禮貌的。

參與社交活動，獨特有品味的穿著，可讓人印象深刻，同時營造優雅的風格與氣質，能受人歡迎及結交人脈，創造更多的契機。

4. 考量組織文化

不同的組織文化，對於員工穿著有不同的限制，例如：一般企業組織希望員工能穿著正式的服裝，甚至為員工訂製制服；外商高科技公司則有穿休閒服、穿拖鞋、不打領帶的組織文化；在這樣的組織中，西裝革履可能成為異類。

國泰世華銀行的員工，平日需穿著制服，週五則可換穿較休閒的服裝，展現活潑的氣息；員工的衣著妝扮可以形塑組織文化，提升企業形象與員工向心力！

對於在職場打拚的上班族來說，個人的服儀與形象能展現自信與品味，也是商業禮儀的重點，現代人都應該努力讓自己「內外都美」，大家可以學習如何穿出自信與品味。

不同衣著妝扮所展現的意涵

區分	代表的意涵	場合
短髮 套裝／西裝 短裙 高跟鞋 皮鞋	正式／理性／效率／速度／簡約／制式	上班／簡報／研討會
長髮 休閒裝 長裙 平底鞋／休閒鞋 布鞋	非正式／感性／柔弱／親和／彈性	宴會／訪友／聚會

省思與研討

1. 上班族經常運用的商業禮儀有哪些？
2. 如何在生活及工作中鍛鍊良好的商業禮儀？
3. 你適合什麼樣的服儀妝扮，自己的認知及他人的意見？

第13章

關鍵人才的業務力

業務力經典語錄

半導體教父張忠謀

很多公司都相當輕視業務市場行銷，不對的，尤其科技公司以為技術最重要，技術很重要我承認，但業務市場行銷和技術一樣重要。你沒有業務，根本就沒生意，當然也不會有獲利，根本就活不了。

鴻海創辦人郭台銘

一輩子一定要做過一次業務工作。

業務力小故事

張忠謀曾經提出業務工作的重要性：「許多技術出身的總經理常抱持『只要產品好，客人自己就會來』的想法，這是很錯誤的觀念，總經理應親自拜訪客戶、接觸客戶，並且學會有自信地與客戶交談。」

張忠謀在「總經理的學習」中強調：「輕視Sales和Marketing，公司根本活不了！」

13-1　最具競爭力職務，「業務」排名第一

企業運作的核心是銷售與業務；業務在組織的關鍵地位，就像人體中的心臟，不斷輸送血液給所有器官，以維持生命力。

業務就像火車頭，帶動組織向前衝；業務人員熟悉市場動態並掌握客戶需求，提供有價值的商品與服務，創造股東權益的極大化，也維繫公司存續發展及員工的生計。

絕大多數的企業家與經營者具備業務背景，組織的營運管理也以「業務」馬首是瞻。

1. 業務人員爲企業創造活水

業務人員身負開拓市場、創造營收的責任，爲企業挹注金流；現金是企業賴以生存的活水，優秀的業務團隊能確保組織永續發展；鴻海集團創辦人郭台銘曾說：「開疆闢土眞英雄」，一語道出業務是企業最有價值的人力資源。

104人力銀行的調查顯示，業務是各行各業招募需求最多的職缺；104獵才的分析也顯示，具有即戰力的業務人才是企業高薪挖角的對象；業務對組織的重要性如下：

⑴ 將企業的產品或服務銷售予客戶，以創造營收。

⑵ 反應市場及產品的訊息，作爲組織調整改善的參考。

⑶ 經營市場並與客戶建立長期的友好合作關係。

⑷ 提升產品、服務的價值及塑造企業的品牌與形象。

2. 業務工作，價值非凡

業務團隊是企業最重要的部門。各行各業不論景氣狀況如何，無時無刻不在招募業務尖兵；業務人員對於組織而言價值非凡，上班族從事業務工作，在職涯中「進可攻、退可守」，相較於其他工作，更具發展性。

業務人才受企業青睞的原因，有以下幾點：

⑴ 願投入業務領域的人不多，表現卓越者受到重用。

⑵ 業務人才養成不易，企業通常願意給予更多嘗試機會。

⑶ 業務人才了解市場與客戶的需求，其意見對組織決策具有影響力。

⑷ 優秀業務人才，在晉升及獎酬上會被優先考量。

⑸ 企業願意投入更多的資源在業務人才的培育與發展上。

13-2　10個讓你投入業務工作的理由

104人力銀行創辦人楊基寬先生，鼓勵新鮮人及上班族勇於投入業務的工作行列，強調上班族最少要做兩年業務工作。主要的原因是，業務工作肩負組織營運的重責大任，同時也是了解產品與服務最好的途徑，在業務的推動中，可讓人快速成長！

很多上班族傾向從事行政、助理、祕書等工作，對業務職缺「敬而遠之」；這個以「數字」定績效，以「成敗」論英雄的工作，讓人不敢嘗試；然而，挑戰困難的工作，是讓上班族成長最快的機會；以下闡述10個投入業務工作的優點，與讀者分享：

1. 業務工作的職缺最多，不受景氣影響

業務為企業創造獲利，只要能達成業績目標，業務人才多多益善，據104人力銀行的觀察顯示，企業需求的業務職缺，不受經濟景氣影響，永遠一枝獨秀。

2. 業務工作所要求的門檻與限制條件不高

企業招募業務人員的條件相較其他職務，較為寬鬆，產品相關的知識及經驗固然重要，然而在學歷、科系等方面則相對開放，企業對於業務人員的條件要求，主要在積極進取、溝通表達、強烈企圖的工作態度與人格特質。

3. 業務工作最受組織重視，薪酬具無限想像空間

「業務掛帥」是企業營運的寫照，足見業務人員的重要性；在薪酬方面，業務工作與組織獲利緊密相關，所以業績獎金與業務表現成正比；有志挑戰高薪的上班族，選擇從事業務工作，有機會擺脫不動如山的死薪水。

4. 了解產品與服務，建立專業知識

業務人員對於產業狀況、市場趨勢及產品、服務均必須十分熟稔，才能游刃有餘的應對客戶。

要成為優秀的業務人員，必須具備豐富的專業知識；企業組織會對從業人員進行完整的教育訓練，從產業、市場、產品、報價、競爭對手等鉅細靡遺的說明。

業務工作是上班族更上層樓的跳板！

5. 業務工作培養多元技能

　　業務工作從專業知識的建立，到內部的溝通協調及顧客的開發、報價、締約、交貨等作業，必須明快且有效率；此外，需具備時間管理、溝通談判、挫折忍受、壓力調適等軟實力。

　　投入業務工作，是一場自我考驗及成長蛻變的過程；如果用心修鍊，很快就能從青澀的毛毛蟲羽化為美麗耀眼的彩蝶！

6. 最容易創造績效

　　企業是一個分工協同的有機體，各部門須通力合作，才能創造績效；業務工作雖然也是組織的一個環節，但是業務人員創造業績，源自於企圖心與堅持力。

　　業務績效的呈現十分明確，也是最容易展現價值的職務！

7. 建立廣闊的人脈關係

　　史丹佛大學研究中心的調查報告指出：「一個人賺的錢，12.5%來自知識，87.5%則是來自於關係」，可見人脈是成功的關鍵，業務工作必須大量接觸客戶與消費者，最能快速累積人脈。

　　一位稱職的業務人員，藉由專業與誠信，能為自己建立廣闊的人脈資源。

8. 轉職最容易

　　業務職缺量居人力銀行招募職缺之冠，業務屬性除了產品的差異外，其餘人格特質及軟實力都相同；業務人員轉職，能夠在同業及異業中，迅速獲得任用的機會。

此外，業務是企業應對市場與客戶的直接窗口，隨時掌握第一手訊息；有機會在內部輪調及晉升時，爭取多元歷練的機會。

9. 挑戰自己的極限

大部分上班族視「壓力」為洪水猛獸，但壓力卻是成長的來源；業務工作，每天面對客戶的變化及業績的檢驗，讓許多求職者望而卻步。

然而，能克服挫折與失敗，得到客戶的支持與認同，達成組織設定的業績目標，就能成為人上人！

10. 發展空間最大，有創業機會

10個創業家，有8個是業務出身；業務人才的養成，孕育創業的因子。

業務除了需要好的產品及組織做後盾，主要靠自己獨當一面解決產品及客戶的問題。如果在業務工作中能落實「員工身，老闆心」的準則，有機會一圓「創業夢」！

10個投入業務工作的理由

13-3　做困難的事，就沒有困難的事

　　上班族經常投入的工作都是「想做」、「好做」、「願意做的事」，卻常常忽略「該做的事」；一個業務人員該做的事，就是拿到訂單，創造業績。人們認為做業務很困難，面對競爭的市場、難搞的客戶，要將客戶口袋的現金掏出來，想到就頭皮發麻！

　　職場中，如果只想退居第二線，只做簡單的事，那麼經常要擔心飯碗不保；「做困難的事，就沒有困難的事」，業務工作之所以備受重視，是因為這個角色扮演著讓公司產品及服務換取現金的功能，金錢挹注，除了消極的維持組織的運作，更有助企業擴張版圖。

好逸惡勞適足以消弭鬥志，只有挑戰困難，才能創造價值，業務工作具備高挑戰的特性，勇敢從事拓展業務的工作，一定會有很大的成長。

13-4　什麼人適合做業務？

業務人員何其多，成爲明星業務員眞的很困難嗎？

超級業務員有許多共同的DNA，而這些特質往往是與生俱來。

相較於其他職務，業務工作重視工作態度與個性競爭力，周而復始挑戰高目標且不斷地接受考驗，迎難而上，需要有高昂的鬥志與企圖心，大部分優秀業務人員，懂得如何與壓力共處且樂於享受人生。

業務人員最重視的關鍵性格有下列6項：

1. 負責任

成功的業務人員重視承諾，答應客戶的事，即使再累也會排除萬難努力完成；與客戶的關係不只純粹的交易行爲，更能發展成爲商業夥伴及朋友關係。做事態度常帶給別人可靠、值得信賴的感覺，包括願意承擔任務的成敗結果。

2. 樂觀性

具有正向思考的特質，相信凡事都能往好的方向發展，是成功業務人員重要的工作信念；透過積極、樂觀的態度，容易

將困難與逆境轉向好的方向思考來鼓勵自己，不屈不撓地在顧客的要求中發掘商機。

3. 社交性

　　願意主動參與許多社交活動，享受跟很多人在一起的感覺；在社交場合中可以很快融入環境，與他人建立關係，這些都是影響業務人員人際關係的關鍵因素。

4. 敏覺性

　　從事業務行銷工作在人際互動中，常要能迅速了解狀況；而且能夠解讀客戶的言外之意以及行為背後的動機；並擅於察言觀色，根據他人的情緒及反應來採取適當的行為。

5. 抗壓性

　　抗壓性及挫折忍受度高，是作為業務銷售工作首重的性格。面對壓力時的沉著與冷靜，能夠帶給客戶安心的感覺，進而化危機為轉機。

6. 情緒調適

　　稱職的業務人員不會將不如意的事情一直放在心上而影響自己的心情，即使偶爾因為不如意的事情而產生情緒的波動，通常也能迅速調整，恢復平和的狀態。

業務人員的6項關鍵性格

13-5　業務人員的核心競爭力

　　愈是在市場蕭條的環境，愈需要開疆闢土的第一線人員；成功的業務推廣行為，除了建立完整的人脈網絡，更需要提供客戶建議與業務諮詢的能力，才能穩紮穩打、衝出逆境的重圍。

　　要了解哪些工作能力是勝任業務銷售職的必備武器，104人資學院職能性格測驗的業務銷售人員常模中，列出業界普遍重視的6個關鍵職能：

1. 溝通能力

　　絕大多數的業務員很注意他要表達的內容，卻常忽略表達的技巧；優秀的業務員會以專業的方式提供產品資訊，例如：

說話語調、肢體語言及服裝儀容等等，才能達成最好的說服效果。且能站在客戶的立場來介紹，優秀的業務員不會急著介紹公司和產品，而是提供對客戶有說服力的資訊，才是打動客戶的關鍵。

2. 顧客服務

以高度的服務熱忱來了解客戶的需求，依據不同的客戶需求，量身打造最符合的解決方案。其次優秀的業務員身段柔軟，不會害怕面對生氣的顧客，要能了解顧客的抱怨及為何生氣的原因，即時為顧客解決問題；並注意同業的動態和市場變化，以有效提供最適切的顧客服務方案。

3. 協商談判

優秀業務員在碰到不同立場的客戶時，須有能力找出彼此都願意支持、接受的折衷或雙贏方案，透過營造公開、信賴的環境，讓彼此能清楚表達需求與立場，釐清彼此的一致性或歧異點，且能與對方達成協議及共識。

4. 銷售技巧

拜訪客戶不是純聊天培養感情，而是要在拜訪前做足功課，想清楚目的，能為客戶解決哪些問題及帶來什麼效益，善用有效提問及傾聽的技巧，逐步了解客戶關切的要點；在介紹產品的話術上併陳商品的優點及缺點，從客戶的立場設想，以贏得客戶的信任，消除其心中對產品的疑慮。

5. 人脈建立

優秀業務員能主動尋求有利於工作的人際關係或連繫網絡，展現善意或提供協助以增強彼此關係，使用各種不同方法管理人脈，並建立有效客戶名單管理機制，以長期經營的毅力及耐心，持續追蹤及關懷客戶。

6. 壓力承受

業務人員性格中排名第一的是抗壓性，優秀業務員面臨工作壓力，多半能使用適當方法加以紓解，並維持應有的工作表現與人際關係。建議想投入業務工作的上班族，面對壓力時不妨換個角度思考，在愈艱難的環境，愈能展現你存在的價值。

在日趨多元的職場環境中，展現業務能力的機會無所不在，溝通與談判技巧是每一位職場工作者都應具備的能力；尤其是業務行銷工作，許多企業最重要的競爭力就是來自於優秀的業務團隊。

對組織而言，超級業務員除了能對業績貢獻卓著之外，他們的本領該如何傳承下去，使組織績效最大化？目前許多公司讓高績效業務員協助新進人員創造營收，藉由團隊生產力的提升，達到企業的業務目標。

人人都是業務的時代來臨了，即使不是直接從事銷售產品與客戶服務的職務；在工作中與人互動、溝通協商是所有上班族必須具備的能力，想要有效傳達想法與意見，必須靠業務的精神與內涵。建議社會新鮮人及上班族朋友，勇敢投入業

務的領域，你會發現，相較付出的心力而言，成長與收穫更為
巨大。

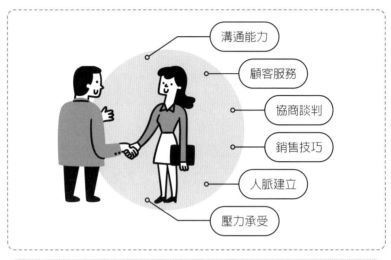

溝通能力

顧客服務

協商談判

銷售技巧

人脈建立

壓力承受

業務人員的核心競爭力

省思與研討

1 業務工作的重要性及價值為何？
2 從事業務工作需具備什麼能力與特質？
3 您適合業務工作嗎？為什麼？

第14章

關鍵人才的學習力

學習力經典語錄

《第五項修錬》作者彼得‧聖吉（Peter M. Senge）

唯一能長久依靠的優勢，就是比你的競爭對手學習的更快！

查理蒙格（Charles Thomas Munger）

每天醒來，都比昨天好一點點。

維珍集團董事長理查‧布蘭森（Richard Branson）

人學走路時，從來不是靠規矩，而是從嘗試與跌倒之中學習。

學習力小故事

　　一位40歲的法國人創下在水面下屏息7分45秒的世界紀錄，這位擔任浮潛教練的平凡人說：「我和一般人一樣，在水中待不了1分鐘」，但是，在20年的工作過程中，每次浮潛都要求自己在水中多待1秒鐘，經過20年不間斷的自我要求，終於得到超乎世人想像的成果！

　　《今周刊》報導美國職籃球星雷‧艾倫（Ray Allen）的成功故事：長達18年的NBA生涯，由於「執著規律，嚴予律己」的學習態度，他成為NBA有史以來命中3分球最多的球員，並入選美國職籃名人堂，被封為「史上最偉大的射手」。

　　他堅持有紀律的練習，每天清晨5點半開始進行重量訓練，是全隊最早到球場練習的球員；雷‧艾倫（Ray Allen）說：「如果我沒有成功，我希望原因是我不夠優秀，而不是不夠努力」、「我不相信天賦，我能站在這裡的唯一理由，就是我一生都很努力」。

　　雷‧艾倫（Ray Allen）相信自己擁有的一切，都是苦練得來，毫無僥倖！

14-1 永遠覺得自己不夠好

湯馬斯・佛里曼（Thomas L. Friedman）在《謝謝你遲到了》（*Thank You for Being Late*）這本書中，闡述Google X實驗室的主導者艾瑞克・阿斯特羅・泰勒（Erci Astro Teller）針對「世界變化速率與人類適應能力關係」的精闢見解。

它的內涵是，我們面對的社會，科技平臺每5到7年就會翻轉一次，但是人類要花10到15年才能適應；要因應這樣的落差，泰勒說：「我們必須學得更快，並拉高人類的適應能力，才能讓學習曲線與科技發展相會合」；要增進人類的對環境的適應力，90%在於「學習效益最佳化」。

在競爭速度的時代中，「永遠覺得自己不夠好」是自我覺察、驅動學習的動力；「志得意滿」會讓學習劃下句點，唯有謙虛自持、不滿足現況，不斷學習、追求成長與突破，才有進步的空間。

俄羅斯的巴瑞辛尼可夫（Baryshinikov）是世界著名的芭蕾舞蹈家，記者問他：「你已經是全世界最出色的舞蹈家。誰是你最想超越的對象？」

他回答：「我並不想跳得比別人好，我只想跳得比自己還要好！」

新科技與新商模不斷推陳出新，上班族面對快速進步的環境，「專業能力不足」是遭遇職涯瓶頸最大的挑戰；根據調

查指出，有7成的上班族有意花錢投資自己，也有超過5成的職場工作者有危機意識，準備培養第二專長；但是，能夠下定決心，有紀律落實執行的是少數。

積極尋求突破與成長，隨時像海綿般不斷的汲取知識，才能在職場上屹立不搖！

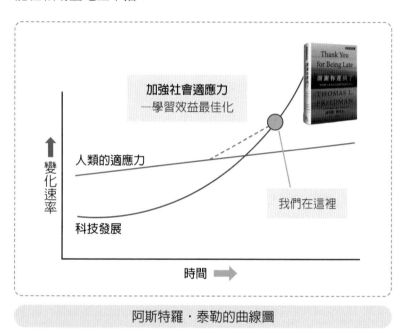

阿斯特羅‧泰勒的曲線圖

14-2　張忠謀的學習3祕訣

半導體教父張忠謀多次在演講場合表示：「在24歲以前學到的東西，到了社會上只有5%左右用得上；95%的知識與經驗，都是在24歲以後，從社會的工作與磨練中獲得的！」

張忠謀勉勵大家：「要成為優秀人才，必須先下苦功」，他揭示學習的3個重點：「有目標、有計畫、有紀律，奉行『終身學習』。」

1. 有目標：一定要跟上「產業的發展」

張忠謀認為，無論身處哪一個行業，都應將「跟得上所屬行業的發展」，列為終身學習的長期目標，「如果無法與時俱進，可能就只有失業的分。」

2. 有紀律：要每天花時間，將知識內化

對張忠謀而言，學習不是「消遣」，而是件「嚴肅的事」，所以必須持續地花時間，好將知識內化；張忠謀每天至少花2到4小時閱讀；他會在一段時間內，大量、專注的鑽研某個特定領域，而不會漫無目的地瀏覽。

3. 有計畫：打好基礎，結交專業人士

除了閱讀，張忠謀也喜歡從「人」的身上學習。他對歷史、經濟有興趣，所以也去結識這方面的專業友人，甚至邀請他們參與公司經營。諾貝爾經濟學家克魯曼（Paul Krugman）來臺，張忠謀是唯一與他對談的臺灣經營者；產業經濟大師麥可·波特（Michael Porter），也曾任台積電獨立董事。

我曾在課堂上詢問同學：「有目標」、「有計畫」、「有紀律」，哪一項最難，大家普遍覺得「有紀律」最難達成！可見「知易行難」，要落實自我管理的精神，堅持不懈是上班族自我成長的大挑戰。

競爭人才的時代，企業無所不用其極的網羅「專業」人才加入團隊，同時投入資源培育員工，組織與個人都對快速變遷的世界感到焦慮，面對瞬息萬變的局勢，唯有不斷內省與學習，才能立於不敗之地，不被競爭的浪潮所吞噬。

1 有目標　一定要跟上「產業的發展」

「如果無法與時俱進，可能就只有失業的分。」

2 有紀律　每天花時間，將知識內化

學習不是「消遣」，而是件「嚴肅的事」，張忠謀每天至少花2到4小時閱讀，並將知識內化。

3 有計畫　打好基礎，結交專業人士

除了閱讀，張忠謀喜歡從「人」的身上學習，與專業人士經驗交流。

要成為優秀人才，必須先下苦功！張忠謀的學習3祕訣

14-3　上班族的4階段學習原則

職場上班族專業的培養，可區分為基層人員及基／中／高階主管等4個階段，其學習的內涵各有不同：

⑴ 基層人員以工作執行為重點，所以著重在執行技術的學習，例如：銀行的第一線櫃員，要能熟練的完成客戶存

／取款及開戶、匯款等例行作業；企業內部的基層財會人員，要了解帳務處理的作業流程。

⑵ 基層主管則開始領導團隊，達成任務，此階段要學習溝通協調與領導統御的能力。

⑶ 中階主管扮演承上啓下的關鍵角色，學習的重點是管理激勵、組織運作、經營團隊等知識及經驗。

⑷ 高階主管重視分析及決策的能力，因此經營分析、趨勢研判及決策是最重要的能力養成。

上班族4階段學習能力一覽表

區分	技術能力	管理能力	團隊經營	決策能力
基層人員	★			
基層主管	★	★		
中階主管	★	★	★	
高階主管	★	★	★	★

聯強集團總裁兼執行長杜書伍曾說：「大將的養成，通常要從基層開始，經過長時間的淬鍊，才能培養扎實的能力與豐富的經驗。」此外他又強調：「一個心大於職的人，必然會成為組織的潛力人才，心等於職的人無法再向上提升，而上班族如果心小於職，則會拖累組織，影響公司績效的達成！」

14-4　上班族的進修趨勢

知識與技術不斷突破創新，現在是「超級專業」的時代。

只有一項專業，很難在職場立足，擁有第二、第三專長是行走江湖必備的利器；第二專長可以從現有的工作加以延伸，例如：財會人員可以修習法律知識，行銷企劃人員可以學習架設網站、製作APP及美工設計，讓工作技能更完備；此外，各行各業、各種職務的上班族，都可以練習外語，讓職涯發展更寬廣。

職場工作者不論基於提升競爭力，或是想轉行爭取更好的薪酬，「跨界」都是必由之路；根據104人力銀行資料顯示，由於文科生謀職不易，因應職場趨勢跨界學習、轉戰理工領域的現象逐年升高，統計當過軟體工程師及工程研發的職人，約有20%及12%是文科生。

上班族學習進修的方式與管道，概述如下：

1. 累積工作技能與經驗是成長的主要來源

上班族最主要的學習場域，是工作中接觸的人、事、物，包括自己與他人在職場中的成功與失敗經驗，都是成長學習的養分；工作的執行、觀察、借鏡與反思，是上班族最重要的學習泉源。

上班族的知識與技能，主要來自主管的教導、同儕的互動及工作的實做，如果大家能夠依照計畫、執行、檢討、改善的作業步驟來執行工作，就能夠日新又新、每天進步一點點，長期積累的實力十分可觀。

2. 線上課程讓學習如影隨形

上班族的成長需求，引發巨大的學習商機；網路、資訊科技、AI、虛擬實境的運用，讓線上學習蔚為風尚，對於上班族而言，能善用零碎時間隨時隨地學習，是一大福音。

根據《經理人》發布的「2023 企業線上學習大調查」顯示，臺灣企業有36% 的公司將投注更多培訓資源在線上學習；此外，相較疫情前，使用過線上學習的員工增加 70%。

線上學習將成為學習的主流模式。

3. 實體課程無可取代

因應職場競爭的需要，公私立機構開辦了各式各樣、多元的學習課程，從語言、技術、管理、潛能、心靈等不勝枚舉；許多上班族除了為了提升專業能力，也為了取得更高的學歷，因此利用公餘報考在職碩士或博士班，甚至跨海大陸或歐美，進行跨文化、跨領域的學習，除了滿足求知慾之外，也提升國際視野。

實體課程雖然傳統，但是「面對面」學習的臨場感及互動效果，仍極具價值，也難以取代！

4. 閱讀書籍既可增長知識，又能修養心性

臺灣人到底愛不愛看書？博客來發布2023年的「閱讀大調查」，針對4,000名會員的問卷結果及銷售資料做分析統計，得到以下的結論：

42%的人每天都看書，多數人每天花21-30分鐘看書，45%的人平均每月看完1本書，近兩年平均看11-15本書。

在網路發達、資訊充斥的時代，這樣的調查結果，大家覺得蠻欣慰的。但是這份調查的對象，有9成是博客來會員，5成為鑽石會員，都是有閱讀習慣的族群。

再參考大數據股份有限公司的「2023臺灣民眾閱讀行為暨實體書店」產業洞察報告內容：近8成國人平均每天閱讀不到1小時，超過2成臺灣人每週不看書。

雖然學習管道及知識的來源多元，但是讀書卻是獲取知識、磨練思考、修養心性、培養專注力的好方法。

5. 取得證照，為專業力背書

現在是證照的時代，專業證照就像工作中的護身符，藉由證照考試的準備及考取，可以有系統的學習及建立知識與技能。

要成為專業的理財專員，必須具備的證照有：信託業務員、理財規劃人員、人身保險業務員、財產保險業務員、證券商營業員、衍生性金融商品業務員等符合主管機關要求的證照。

證照是各行各業遴選人才的重要指標，上班族要標榜自己的專業能力，相關證照不可或缺。

2024年度熱搜證照 TOP5

專長職類	排名	證照名稱	發照單位
電腦 / 資訊 / 工程師	1	國際專案管理師PMP	PMI
	2	CCNA	Cisco
	3	品質工程師（CQE）	中華民國品質學會
	4	CSWA	Solidworks
	5	品質技術師（CQT）	中華民國品質學會
行銷 / 廣告 / 企劃	1	TOEIC（多益測驗）	美國教育測驗服務社（ETS）
	2	Google Analytics（分析）個人資格認證	Google
	3	國際專案管理師PMP	PMI
	4	基礎採購檢定A.P.S.	社團法人中華採購與供應管理協會
	5	Google Adwords認證	Google
財經 / 保險 / 不動產	1	丙級會計事務技術士	勞動部勞動力發展署技能檢定中心
	2	不動產經紀營業員	內政部
	3	國際內部稽核師（CIA）	國際內部稽核協會
	4	保險核保人員	中華民國人壽保險管理學會
	5	保稅證照	關稅協會
設計 / 美工	1	乙級建築物室內裝修工程管理技術士	勞動部勞動力發展署技能檢定中心
	2	SSE專業攝影科國際認證	Silicon Stone Education（SSE）
	3	丙級電腦輔助立體製圖	勞動部勞動力發展署技能檢定中心
	4	Illustrator證照	Adobe
	5	Adobe Photoshop	Adobe

專長職類	排名	證照名稱	發照單位
餐飲／旅遊／服務	1	TOEIC（多益測驗）	美國教育測驗服務社（ETS）
	2	丙級中餐（葷食）烹調技術士	勞動部勞動力發展署技能檢定中心
	3	PCP寵物照護員認證	中華國際人才培訓與發展協會
	4	丙級烘焙食品技術士	勞動部勞動力發展署技能檢定中心
	5	丙級美容技術士	勞動部勞動力發展署技能檢定中心
人事／教育	1	乙級就業服務技術士	勞動部勞動力發展署技能檢定中心
	2	乙級職業安全衛生管理員	勞動部勞動力發展署技能檢定中心
	3	TOC-OA-中文輸入	財團法人中華民國電腦技能基金會
	4	幼稚園教師證	教育部
	5	小微型企業人力資源管理師	104資訊科技股份有限公司

資料來源：104職場力

5. 外語能力讓你高人一等

看看四處林立的外語補習班及網路課程，就知道語言能力在職場上有多麼重要。

根據104人力銀行在2023年3月發布最新「臺灣中大型企業及求職者外語職能管理調查報告」得知：「英語力在中大型企業已經成為人才任用、晉升、調薪、輪調與海外派任時的重要參考指標。」

對於求職者而言，具備英語能力，會是企業優先邀請面

試、決定是否任用的關鍵因素之一，在獲得企業錄取後，其任用的薪資也較具競爭。

有58.7%的企業認為，語言能力會影響工作表現；59.2%企業認為英語受重視程度逐年增加；69.2%企業認為有需要提升員工的英語溝通能力；81.6%的企業重視發展國際化人才。

14-5　上班族進修的方法與管道

上班族的進修途徑十分多元，進修方式從自我閱讀、參加讀書會、線上課程，到在職專班或出國研習等不勝枚舉，以下僅列舉常見的方式，供讀者參考。而進修的方法也因為科技的發達，由傳統教室的教學模式而邁入多元的網路課程、遠距教學。

科技的突飛猛進，讓學習進修有了革命性的轉變，善用工具及科技，絕對能夠讓學習的效率大幅提升。

區分	單一主題學習	單元式學習	學位與證照
學習管道與學習型態	＊講座、演講、分享會 ＊讀書會 ＊閱讀書籍與期刊	＊語文課程 ＊技術／技能課程 ＊其他專業課程，例如：人力資源、財會、企劃及行銷等。	＊碩士在職專班／博士班 ＊各類證照研習 ＊國際學位課程

「學習」是動詞不是名詞，終日奔忙的上班族，要能撥出時間來進行系統性的學習，著實不易，然而如何運用資訊工具及方法，依個別不同的狀況，來設定及掌握學習的方法，是現代上班族必須規劃及實踐的重點。

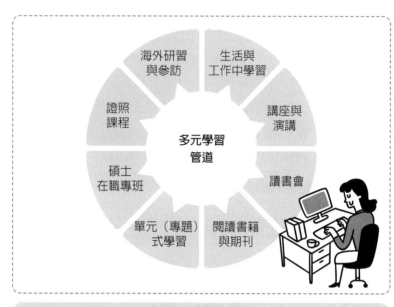

上班族的進修管道

14-6　持續學習、刻意練習，專家就是你

　　「1萬小時法則」（10,000-hour rule）由心理學家安德斯．艾利克森（Anders Ericsson）在 1993 年提出，並由加拿大作家馬爾科姆．格拉德威爾（Malcolm Gladwell）在暢銷書《異類》（*Outliers*）中推廣；意思是要讓某項技能達到登峰造極、出神入化的程度，人們必須要練習1萬小時，他說：「1萬小時可以成就偉大的神奇。」

　　上述的觀點，受到許多學者專家的討論；大家提出了進階的看法，認為不能只以時間「數量」來累積，停留在低水平的重複行為上，還要重視學習的「品質」。

1. 學習「如何學習」

知識爆炸的時代，「學習」成為現代人的重要課題；學習「如何學習」是進修的基本功，上班族在進修成長的計畫付諸實行前，有以下幾個必須思考的問題：

⑴ 要進修的課目及領域為何？為什麼？成本vs.效益。

⑵ 所需投入的時間為何，能否兼顧工作及家庭？

⑶ 費用是否能夠支應？

⑷ 最佳的進修機構、管道或方式為何？

⑸ 如何有效率的學習，同時事半功倍？

⑹ 是否具備自我管理與堅持的動力？

⑺ 如何將所學，活用在工作與生活中？

只遵循不斷練習的原則，你不會成為「麵包大師」吳寶春；天天打球也不會讓你如願進入美國職籃NBA；美國專業教學系統設計師佛斯特說：「『刻意練習』除了需要高度專注，還需要練習者本身受到高度驅使，並且在練習時刻意加強自己需要改善的地方，以及獲得即時反饋和檢討。」

此外，《紐約時報》提出：「刻意練習」須考量本身的差異及影響一個人在某個技能上登峰造極的關鍵，包含了年齡、經驗與天賦。

2. 每天進步一點點

《經理人月刊》提到日本電子商務龍頭樂天社長三木谷浩史的名言：「1.01的365次方是多少？」答案是37；這是三木谷用來督促自己的公式，意思是，只要每天改善1%，持續365天，1年後的自己將比現在強大37倍。

這個想法與觀念廣為企業奉行，所以許多企業都在組織內部推動「1%改善」的措施與會議。

上班族朋友們，與其每天想著希望別人賞識你、肯定你，不如先自我鍛鍊，讓自己變得更好、更強、更優秀；隨時抱持「歸零」、「重生」的理念，努力把握當下，讓「現在」比「過去」積極、認真、進步。

雖然是簡單的思維，但卻「知易行難」，不容易做到；先進科技，寵壞了現代人，上網就能購物、交友；有問題可以查詢Google大神、ChatGPT；想吃美食，外送業者使命必達、隨叫隨到。現在是讓人愈來愈懶惰的時代，人們驅動自己的力量，愈來愈薄弱。

馬雲在2019世界浙商年會演講中說：「世界正在進入巨大的變化之中，我們只有改變自己，才能適應這種調整，我相信這是機會的開始！」

「只有學習的人，才能面向未來；只有改變自己的人，才有未來；只有為未來解決問題的企業，才有希望！」

如果，你已經嗅到時代變動的狂潮巨浪，最好趕快「上緊發條」，讓自己脫胎換骨，加快學習的速度，更新觀念與行動。保持學習的熱忱，每天進步一點點，職涯自然寬廣，人人都會成爲你的職場伯樂。

14-7　學習的目的在於實踐

「學習如何學習」、「學習效率最佳化」，是所有上班族都要省思及行動的方向；管理大師彼得・杜拉克（Peter Drucker）以96歲高齡辭世，他持續奉行「3年式主題學習」超過60年，不間斷地研究各種主題，所以他可以談論社會、政治、美術、歷史等各種知識；彼得・杜拉克一生出版了39本著作，其中3/4是在60歲之後完成。

現代人應該把學習視爲維持生命的「空氣」和「水」，將學習成長內化爲「終身學習」的習慣。

華爲被稱爲「打不死的戰狼」，創辦人任正非說：「華爲沒有成功，只有發展，如果當前有一點成績，我歸功於文化和哲學的成功！」

華爲以競爭者爲師，用了20年的時間學習各個優秀公司，華爲不論學誰，最終都能「青出於藍而勝於藍」，超越師父。

企業與個人要有這樣的學習精神及企圖心，才能在劇變的環境中屹立不搖，同時不斷超越對手。

學習的目的在於實踐，如果在學習的過程中，沒有將知識與技能付諸執行，就無法將所學內化為成長的基因。

省思與研討

1. 張忠謀提出學習的3個重點是什麼？
2. 上班族的進修管道有哪些？你會選擇的方案為何？
3. 規劃自己1～3年的學習計畫、預期成果與目的。

關鍵人才的職涯發展

職涯發展經典語錄

股神巴菲特（Warren Edward Buffett）

在錯誤的道路上奔跑，跑再快也沒有用。

馬克·吐溫（Mark Twain）

人生最重要的兩天，就是你出生的那天，和你明白自己為何出生的那天。

巴西著名作家保羅·科爾賀（Paulo Coelho）

當你真心渴望某件事，整個宇宙都會聯合起來幫助你完成。

相對論之父亞伯特·愛因斯坦（Albert Einstein）

不要一心想要成功，而是要成為一個有價值的人。

漫畫家蔡志忠

先知道自己是魚，還是鳥，魚在天上飛，鳥在水中遊，都是一場災難。

職涯規劃小故事

COSTCO亞太區總裁張嗣漢（Richard Chang）原是一名籃球員，他在結束臺灣球員生涯後，返回美國工作，他的第一份工作是加州不動產仲介的業務員，在1年365天的任職期間，有364天都被客戶拒絕；之後他與會員制倉儲賣場Price Club的同事前往西雅圖，進入了會員量販制的新品牌公司COSTCO；張嗣漢自願成為開拓臺灣市場的第一人，後來成為COSTCO臺灣區的總經理。

張嗣漢在《今周刊》專欄中提出年輕人職涯發展應培養的能力：「年輕人在每個工作階段應培養的能力：第一階段，在本職工作上，把自己的工作做好，做一個優秀的工作者；第二階段，成為初／中階主管後，你必須把優秀的個人，放大成優秀的團隊；第三階段，升任高階主管，角色從球員變身教練，團隊即使沒有你，依然能保持卓越！」

15-1 何謂生涯（career）規劃？

生涯（career）是什麼？根據美國知名生涯發展學者唐納·舒伯（Donald Super）的說法：「生涯是生活中各種事件演進的方向與過程，統合個人一生各種職業和生活的角色，從而表現出個人獨特的自我發展模式；生涯也是人生自工作一直到退休後，一連串有酬職位的綜合，除了職位外，還包括任何與工作有關的角色，甚至也包括副業、家庭和公民的角色。」

日本企業家崛義人編著、謝明宏翻譯的《美夢成真的生涯規劃》一書中闡述生涯（career）的定義：生涯（career）一詞最早出現於16世紀末，意思是「進行賽跑的道路」或「搏鬥的競技場」；到了目前，「生涯」被解釋為「履歷、經驗」、「人一生所經歷的工作」、「透過工作的個人成長」等意涵。

作者解釋：「所謂生涯係指個人透過工作所進行的競爭」；換言之，「生涯即是人生，生涯即是競爭」。

1. 職涯規劃的定義

「所謂職涯規劃，即是上班族根據外在環境的變化及清楚的自我認知，對工作的發展做合理具體的計畫，同時能不斷檢討、調整，朝計畫及目標依進度努力前進的明確藍圖」。

在生涯規劃的探討上，上班族有兩派不同的實務見解，一派強調「知己知彼，步步為營」的重要性，另外一派的論述則認為「世事難料」，規劃也沒用。

Trevor Roberts說：「不確定性（uncertainty）是生涯發展的核心本質！」我們除了對未來審慎規劃、運籌帷幄之外，不斷因應變局調整做法，才是成功經營職涯的關鍵因素！

2. 選擇比努力重要

在生涯規劃的議題上，想做的事情非常多，究竟如何選擇；Cheers雜誌揭露股神巴菲特的「25-5」取捨法，值得大家參考：首先列出人生最重要的25個職涯目標（career goals），其次，審慎選出最重要的5項列入清單A，其他列入清單B。在依序完成最重要的5個目標之前，絕不花費心思在其他目標上。

巴菲特的「25-5原則」的意義，提醒我們，成功人士將力氣花在少數重要的事情上，同時逐步完成目標；如果什麼都想做，每件事都是半吊子，那跟沒做是一樣的！

對於一個職場上班族來說，職涯與前程規劃是十分重要的，它代表了一個具體的努力方向，同時也是自我實現的過程。

許多步入職場的上班族抱持隨波逐流的工作態度，除了沒有明確的目標外，在工作中遭遇挫折、失敗，往往選擇逃避及離職；由於自我的性向與志趣不確定，所以工作變換也無法積累知識與經驗。

例如：某位大學會計系畢業生，初入職場投入會計師事務所工作，由於工作加班頻繁、壓力大，因此半年就離職，之後考上銀行擔任櫃員，但工作單調又讓他萌生辭意；轉戰企業稽核工作，也是不到1年就陣亡；沒有詳加思考職涯的發展方向，是就業屢屢失敗的原因。

上述例子的這位新鮮人，步入職場5年，仍未能具備特定的專業技能；許多以往的同學都步入職涯的軌道，並且升任基／中階主管，他仍身陷迷惘中！

這是職場俯拾可得的例子；我們經常將工作比喻成爬山，換不同的工作，如同重爬一座山；職場生命週期愈來愈短，一生能夠重爬幾座山？

如果我們能在職場中，努力發掘自我的志趣與理想，同時作好規劃，勇敢朝目標前行，在不斷的檢討中省思及調整方向，同時充實自我的專業，就能在有限的時間，創造職涯的最大效益。

考量**外在環境的變化**及在**清楚認知**的基礎下，對工作的發展做**合理具體的計畫**，同時能不斷**檢討、調整**，朝計畫及目標依進度，努力前行的——「**明確藍圖**」！

何謂職涯規劃？

15-2　找出自己的工作觀

很多大學畢業生、社會新鮮人或是上班族，對職涯感到迷惘，不知道自己能做什麼？因此，面對工作裹足不前；比

爾‧柏內特（Bill Burnett）、戴夫‧埃文斯（Dave Evans）所著的《做自己的生命設計師：史丹佛最夯的生涯規畫課》（*Designing Your Life*）一書中指出，「關於理想工作，不能只是寫下『工作職責說明』（job description）；這不叫工作觀」；那麼，如何描述具體的工作觀，作者建議朝下列7個方向來思考：

⑴ 為什麼工作？

⑵ 工作是為了什麼？

⑶ 工作的意義是什麼？

⑷ 工作和個人、他人、社會有什麼關聯？

⑸ 什麼叫好工作或是值得做的工作？

⑹ 金錢和工作的關聯是什麼？

⑺ 經歷、成長、成就感和工作的關聯是什麼？

完成上述自省的過程後；如果大家要仿效麵包大王吳寶春、廚藝大師江振誠、國際時尚大師吳季剛或是知名導演李安等人堅持理想、克服挫折、成就事業的精神，那麼檢驗自己從事工作時，能否全神貫注，產生「心流」（flow）狀態，將有助發掘職涯的目標與方向。

享譽國際的漫畫家蔡志忠，在3歲半開始思考人生的方向，1年後，到了4歲半，他從父親送給他的小黑板，找到了自己的人生之路；他說：「我會畫畫，只要餓不死，我便要畫一輩子。」

他年幼時對電影看板很感興趣，常常跑到彰化市區看師傅畫畫；9歲蔡志忠立志要成為一位職業漫畫家。

蔡志忠說：「我命由我，不由天」，他曾為了完成作品每天工作18個小時，連續坐在椅子上58小時，42天不出門。

與他人的認知不同，蔡志忠不覺得自己很努力，他認為堅持做一件事會樂此不疲；一個人做自己喜歡的事，不會累、也不會倦。

世紀科技奇才賈伯斯（Steve Jobs）強調審慎抉擇的重要性，他說：「一生只要兩天就夠了，用最後一天的心情去選擇下一步，用第一天的態度去做每一件事，我們會更有活力、更能成功！」

鴻海董事長郭台銘是一位成功的企業家，他曾說過一段詮釋職涯發展的名言：「為錢做事容易累，為理想做事能夠耐風寒，為興趣做事則永不懈怠」；朝著志趣前進，讓自己的熱情與活力加溫，就能創造成功的故事，為職涯創造優勢！

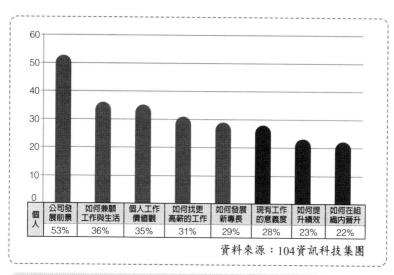

上班族最常思考的職涯主題

資料來源：104資訊科技集團

個人	公司發展前景	如何兼顧工作與生活	個人工作價值觀	如何找更高薪的工作	如何發展新專長	現有工作的意義度	如何提升績效	如何在組織內晉升
	53%	36%	35%	31%	29%	28%	23%	22%

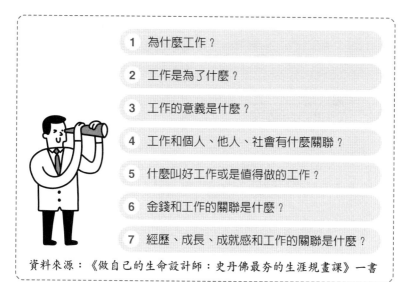

1	為什麼工作？
2	工作是為了什麼？
3	工作的意義是什麼？
4	工作和個人、他人、社會有什麼關聯？
5	什麼叫好工作或是值得做的工作？
6	金錢和工作的關聯是什麼？
7	經歷、成長、成就感和工作的關聯是什麼？

資料來源：《做自己的生命設計師：史丹佛最夯的生涯規畫課》一書

找出自己的工作觀

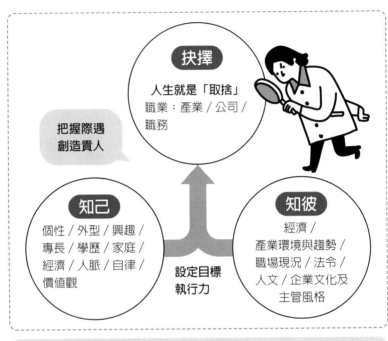

影響職業生涯重要思維

15-3　人生的5個階段

　　舒伯（Donald E. Super）提出「生涯彩虹圖」（Life-Career Rainbow），將人們的一生區為兒童、學生、休閒者、工作者、公民、家長等6種角色及成長、探索、建立、維持、衰退等階段；每個階段都有不同的角色扮演。

　　⑴ 成長階段（growth stage）：2~14 歲

　　⑵ 試探階段（exploration stage）：15~24 歲

⑶ 建立階段（establishment stage）：25~44歲

⑷ 維持階段（maintenance stage）：45~65歲

⑸ 衰退階段（decline stage）：65歲以上

依據「百科知識中文網」的資訊，舒伯理論將「生活廣度與生活空間」的生涯發展，描繪為生涯彩虹圖，以橫向的發展階段、發展任務（即生活廣度的部分）和縱向的生涯角色的發展（即生活空間的部分），交織成一個具體的生涯發展結構，這對促進個人自我了解、自我實現，有很大的幫助。

關於生涯規劃的理論與論述很多，值得上班族朋友依據自己的需求加以研究，有助於釐清觀念、用對方法、找到人生與職涯的方向。

15-4　做好職涯規劃的10個重點

針對生涯規劃擬訂策略與方法，做好「生涯管理」（career management），有以下10個實踐的方法。

1. 清晰的自我認知

清楚的「自我的認知」是職涯規劃的基礎，盤點硬技能與軟實力，結合自己的特質與志趣，才能在職涯發展上有足夠的動機；要成為特定專業的關鍵人才，「動力」與「堅持」是最重要的因子；能夠找到與興趣相符的工作，自然能夠專注投入，成就事業。

新鮮人與上班族可以藉由工作的歷練與自我覺察、性向與職能測評，或是尋求職涯諮詢／輔導專家的協助，探索自己的特質、性向與潛能。

2. 對社會脈絡的敏銳觀察力

規劃職涯發展，除了了解自我的特質外，尚須評估外在環境，必須與社會的脈動相結合，例如：會計作業已運用各種系統工具；立志從事財會工作的人，必須熟悉專業軟體，才能事半功倍；人工智能的高度發展，「人機互動」是未來的趨勢，所有人都要做好準備，職涯的發展與新興科技結合，是大勢所趨！

此外，臺灣製造工廠大量外移，有心投入製程與生產領域者，要有派赴海外工作的心理準備。

3. 設定明確的目標與計畫

任何理想，如果不能形諸於文字，永遠只是空談，企業組織實施計畫與目標管理，各項作業都要求完備的書面計畫；個人也是如此，計畫不能放在心中；因此，將職涯目標予以切割，區分不同的階段來執行，依進度逐夢踏實。

達成每一個階段目標，給自己獎賞與鼓勵，職涯光環將會愈來愈璀璨。

4. 隨時檢討與調整

這個時代唯一不變的事實就是「變」，考量環境變化，快速

調整及因應，才能把握時勢，邁向成功；職涯發展與計畫產生落差時，透過不斷的檢討與調整，才能因勢利導、彈性因應。

5. 自我管理、落實執行力

「凡事貴在執行」、「坐而言不如起而行」，只要去做，永遠來得及，永遠有機會，所以自我要求及自我管理的能力，是職涯規劃的助燃劑，暢銷書《執行力》（*Execution*）即清楚點出成功的關鍵在於「執行」，沒有執行力，哪有競爭力（The discipline of getting things done.）。

馬雲曾說，多數人都是「晚上想想千條路，早上醒來走原路」；意思就是「空口說白話」、「光說不練」；欠缺實踐的勇氣與企圖心，最終還是在「日復一日」、「千年不變」的老路上原地踏步。

現代人最大的問題是「管不住自己」，空有想法而不能付諸行動，職涯將永無成功之日。

6. 挫折忍受及復原力

人生旅途中，困難及挫折常伴身側，每個人的才智與能力都相仿，而最後決定勝負的，就是屢敗屢戰的挫折忍受力及快速復原的韌性。

軍中5,000公尺跑步及500公尺障礙，都是挑戰人們體能及意志的極限，凡能通過考驗者，大多是靠堅強的意志力來支持，愈挫愈奮是成功者獨有的特質，在職涯發展中，職場工作者要能鍛鍊過人的意志力，才能忍受挫折，克服艱難，迎向成功。

7. 不斷充實學習，提升職場戰力

終身學習的時代，誰能掌握知識，就能贏得先機、主導全局；機會與命運的改變，在於優質的知識力；要在漫長的職涯旅途過關斬將、攀登高峰，靠得是有效率、有計畫的學習及管理知識。

8. 觸類旁通的關聯發展能力

職涯的發展，除了既定的專業領域之外，要能延伸觸角，觸類旁通、左右逢源，多元經營豐富的人生，例如：人資專業人員，可以發表文章、出版著作，發展為人力資源的顧問師或是教育訓練的專業講師。

從事業務工作，可以將談判技巧、溝通協調、客戶服務等知識與技巧，融會貫通到不同的產業中，尋求更寬廣的發展空間。

9. 由專才向通才發展

日本管理大師大前研一曾說：「在瞬息萬變的時代，擁有第二專長已是未來趨勢！」

企業人力持續精簡，「精兵制」是發展的主流；職場工作者除了具備專業技能外，還必須培養自己成為一個跨界的通才，才能更具競爭優勢，例如：一位成熟的財會人員，除了會計的專業外，對於制度設計、組織管理、財務規劃、內稽內控、金融投資、租稅規劃、法律知識等都應有所涉獵，以擴大工作的視野與廣度。

10. 追求自我實現

　　心理學家馬斯洛（Abraham Maslow）的金字塔五階段需求理論眾所皆知；從最基本的生理需求、安全需求、愛與歸屬、尊重需求，到最終的自我實現；要達到自我實現的境界，必須具備無可取代的價值、工作的成就與滿足，及對他人的影響力；當然，個人認知的意義，因人而異；成功企業家開創事業、政治人物造福鄉里，或是市場菜販陳樹菊女士無怨無悔投入慈善工作，只要能追逐心中的志業，都是自我實現的踐行！

　　人生是一個自我負責的過程，工作則是實踐理想的手段；在這個差異化的時代裡，每個人的職涯方向都不同，但是積極樂觀、勇於挑戰的意志卻是實現理想的不二法門。

◆ 清楚的**自我認知**

◆ 對社會脈絡的敏銳**觀察力**

◆ 設定明確的目標與計畫

◆ 隨時檢討與調整

◆ 自我管理、落實執行力

◆ 挫折忍受及復原力

◆ 不斷**充實與學習**，提升**職場戰力**

◆ 觸類旁通的**關聯發展能力**

◆ 由**專才**向**通才**發展

◆ 追求**自我實現**

職涯規劃應具備的要素

15-5　出海當大魚——你適合外派嗎？

雷鳥全球管理學院（Thunderbird School of Global Management）傑出講座教授兼研究院院長曼索·賈維丹（Mansour Javidan）認為：「具有全球心態（global mindset）的人才應該具備3種資本；這3種資本包含了，知識資本（intellectual capital）：對國際商業營運的各種知識，以及學習能力；心理資本（psychological capital）：無論異國的文化及社會風情有多大的不同，都能以不同的角度及開放的思考去接受，並有所改變；社會資本（social capital）：建立人脈、產生向心力與面對文化傳統、政治背景、專業知識。」

企業與人才的國際化發展是時勢所趨，勇敢的臺灣人才要有以世界為舞臺的企圖心，出海當大魚，不要屈就小池塘。

1. 臺灣上班族外派以中國及東南亞為主

中國自1978年改革開放，東南亞等新興國家也快速崛起，在全球化趨勢及臺商深耕國際市場的策略下，臺灣上班族將職涯發展從臺灣延伸到海外，已是無法迴避的選項。

2. 國際發展競爭劇烈

無論是傳統、科技或是服務業，中國及東南亞的臺商終究會實施「人才在地化」的策略；目前許多上市櫃公司的大陸據點，其總經理及高階主管都是大陸人，臺灣人才要赴海外工作必須有與當地人及國際人才競爭的心理準備。

上班族勇闖海外的第一件事，就是審慎盤點自己的資歷、能力與特質；具備專業的技能、適應文化與獨立的個性，才有機會在國際舞臺一展身手，否則只會落得鎩羽而歸的窘境！

3. 30歲至40歲專業人士是外派生力軍

企業搶占中國及東南亞市場，想的是如何快速站穩腳步，臺灣人才由於具備兩岸地緣關係及文化語言的優勢，自然成為積極延攬的對象，不論是製造、品管、研發、業務、行銷及通路、連鎖等專業人才及主管，中外廠商均全力挖角，年薪從數百萬到數千萬新臺幣，甚至有陸資為了禮聘臺灣研發高手，將年薪的幣別從新臺幣換成人民幣，相當於用5倍高薪挖角。

臺灣人才備受青睞，我們一則以喜、一則以憂，喜的是臺灣歷經50年經濟發展的成果，養成了大批具備管理及技術的人才，憂的是這些人才無法在臺灣安身立命，必須遠赴他鄉，打拚自己的職涯。

4. 臺灣人才的競爭優勢與劣勢

臺灣經濟成果舉世聞名，而賴以存續發展的利基就是「人才」，苦幹務實、負責任、忠誠度高一直是臺灣人才的寫照。

綜觀臺灣人才的競爭優勢有以下3點。

⑴ 臺灣傳統與科技產業在世界經濟舞臺上舉足輕重，在產業發展過程中，臺灣人才所養成的技術能力、管理職能、抗壓能力與靈活權變的經驗與實力，是寶貴的人力資產。

⑵ 臺灣人勤奮、踏實、忠誠、謙虛的人格特質，是組織成事的關鍵，也是企業最重視的元素！

⑶ 臺灣人才的薪酬低於香港、日本、新加坡，是跨國企業大力延攬的對象。

然而，在世界經濟環境的劇變中，臺灣人才也有以下的劣勢：

⑴ 東南亞新興國家崛起，臺灣人才秉持以往的成功經驗，有機會在中國、越南、印度等新興市場開創職涯契機，但須面對當地經濟與人才的競爭！

⑵ 臺灣人才面對國際化趨勢，在國際視野及語言能力上普遍不足。

⑶ 臺灣以代工為主體的經濟發展模式，近年已逐漸為中國及亞洲新興國家所取代，臺灣人才如果不能淬鍊、提升能力及技術，將很快被取代！

⑷ 世界經濟秩序正在重組，許多技術、管理的內涵有巨大變化，臺灣人才如何在心態、觀念、做法上有新的思維與創意，是延續職涯發展的重要關鍵。

臺灣人才的優劣勢分析

競爭優勢	競爭劣勢
✔ 臺灣經濟成長過程中，養成的絕佳技術與管理能力。 ✔ 勤奮、踏實的工作態度與敬業精神。 ✔ 薪酬較亞洲先進國家人才為低。 ✔ 誠信、忠貞的組織價值觀被高度認同。	✔ 轉赴新興市場發展的環境適應挑戰。 ✔ 在國際化的趨勢下，國際視野及語言能力不足。 ✔ 環境劇變下，技術、觀念、心態等的調整因應備受考驗。 ✔ 人才在地化趨勢是未來挑戰。

5. 臺灣人才的折舊年限還剩多久？

生財設備有提列折舊的年限，知識與技術亦然，許多外派人員分享他們的危機意識：「現在的大陸及東南亞人才紛紛崛起，許多臺商除了總經理及管財務的是臺灣人外，相關主管都已經全換成當地人。」

近年來，越南及東南亞國家保障本地人的工作權，對於外國人的工作簽證核發消極因應；此外，上海、北京等大城市及馬來西亞、泰國的白領上班族，薪水已直逼臺灣；臺灣人必須加緊努力，才能爭取跨足海外的國際舞臺！

個人特質	工作條件
◇ 喜歡新事物與不同的文化與環境。 ◇ 樂於與不同國籍的人員相處共事。 ◇ 能接受不同的生活方式與飲食習慣。 ◇ 獨立性強、受挫復原力高。 ◇ 習慣獨處的生活。 ◇ 自我管理能力強	◇ 清晰的自我動機及規劃工作成長空間。 ◇ 工作內容符合專業與意願。 ◇ 外派薪資與條件是否合理，符合預期。 ◇ 考量年薪與稅率。 ◇ 深入了解外派地點的政經文化與環境。
能力	**生涯規劃**
◇ 具備良好的語言能力，樂於持續精進。 ◇ 健康的身心及克服困難的勇氣與意志力。 ◇ 跨文化適應力。 ◇ 國際移動力。	◇ 明確赴國外任職的目的與發展。 ◇ 衡量外派工作付出的成本（家庭、情感、心力、風險）。 ◇ 家人是否支持外派工作。 ◇ 做好長期在國外生活的心理準備。 ◇ 外派工作的下一步是什麼（建立危機意識）。

什麼樣的人才適合外派？

臺灣上班族外派海外工作面臨的問題

排序	問題	比率
1	與家人分隔兩地	67%
2	擔心未來職涯發展	46%
3	子女教育問題	36%
4	與國外同事相處	30%
5	擔心被當地人取代	30%
6	工作壓力超過體力負荷	29%
7	無法適應國外職場文化	23%
8	無法適應飲食／氣候	18%
9	配偶工作問題	17%
10	其他	3%

註：複選題　　　　　　資料來源：行政院勞工委員會─委外研究報告

15-6　年輕世代的斜槓大挑戰

　　職場上最流行的語彙，就是「斜槓」青年；上班族朋友碰了面，都會相互問候近況，面對大環境的挑戰與壓力，彼此不再鼓勵貿然創業或跳槽轉職，而是相互勉勵，積極布局「斜槓」職涯，來蓄積長遠的職場競爭力。

　　「斜槓」一詞源自《紐約時報》專欄作家Marci Alboher的著作《不能只打一份工：多重壓力下的職場求生術》（*One Person Multiple Careers: A new model for work/life success*），用slash（斜線或斜槓）來形容那些同時擁有不同職業的人；斜槓是能從自身的專業出發，創造兩個以上不同的價值與收入，有別於兼差，以時間換取金錢的傳統多職人認知。

臺灣媒體引述財經網站CNBC的報導，2024年有4種薪資可觀的斜槓工作值得關注，包括AI顧問、家務管理、在地導遊，以及銀髮族私人運動教練；這些結合專業力與時代趨勢的斜槓工作，時薪最高可達4,500元。是不是非常吸引人？

年輕世代在工作機會不多、薪資負成長的危機中，將「斜槓」視為未來努力及突破職涯瓶頸的重要契機；現在「斜槓」成了全民運動，大家都想成為時代的先驅者，藉由「斜槓」思維的加持與實踐，成為人生與職場的東方不敗！

如何正確面對「斜槓」趨勢？整裝待發的年輕人站在時代的風口上，從專業的養成到經營多元專業、多元舞臺、多元成長的「斜槓」人生；以下探討斜槓發展的原因與本質，幫助大家激活翻轉職涯的「斜槓」DNA。

1. 流行不可追，趨勢不可擋

全世界都進入翻轉思維的情境，凡事都變得有可能：當Google進軍汽車產業、義美賣起保時捷跑車、世界健身-KY評估開發零售事業、商周集團從媒體出版跨足培訓市場、廣播電臺投入電子商務、科技大廠投資植物工廠、3C家電大廠賣起咖啡、下午茶，所有的產業與商品都進入跨界整合的新時代。

世界變得精彩可期，上班族也開始「不安於室」；以往「專注本業」的時代裡，企業與個人顯得傳統且保守；未來「不務正業」將成為主流思維，人們廣闊且多元的能力與興趣，在新經濟的衝擊下，受到激勵與啟發，將會激盪出嶄新的火花與商機！

2. 多元專業的時代來臨

從小到大，我們被教育成為一個「學有專精」且「擁有專業」的人才；那個年代，大家都將工作視為一生的職志；許多功成名就的成功人士，成為各領域的佼佼者或是專業達人，受到世人的尊敬與崇拜；然而，現在的社會，產生了有別以往的重大的改變，驅使「斜槓」成為跨世代的職場主流。

⑴ 知識與科技的快速變動，人們很難專注在同一領域發展。

⑵ 創新多元思維成為主流，單一工作與專長無法帶給上班族成就與滿足。

⑶ 產業跨界帶動人才跨域發展，擁有多元專業的人才炙手可熱。

⑷ 觸類旁通、異業結合，成為斜槓人才，能夠展現不同的價值。

⑸ 科技取代人力，企業持續精簡人力；擁有不同專業與舞臺，是維繫職場定位的保障。

⑹ AI結合大數據，將會快速取代簡單、重複性高的工作。

⑺ 關燈工廠的下一步就是關燈辦公室，只會一項專長的上班族將被取代，即使是醫師、律師、會計師，如果不跨界整合，也會失去競爭優勢。

⑻ 人類壽命延長，「終身工作、不退休」成為職場趨勢，多元專業的斜槓人生，將成為主流。

斜槓成為職涯趨勢

「終身工作、不退休」的時代

知識與科技快速變動

單一專長將被取代

創新多元思維成為主流

AI結合大數據發展

產業跨界帶動人才跨域發展

科技取代人力

觸類旁通、異業結合

多元專業的斜槓人生

3. 兼差、打工，你離斜槓還很遠

許多人利用閒暇時間兼職家教與打工，賺取數百元的時薪外快，覺得自己邁進斜槓的世界，其實兼差打工與斜槓的差別很大。

多做幾份工作，用時間與體力換取金錢，是以往多職人的概念，比較著重在強化經濟能力、增加收入，屬於短期、暫時性的作為。

4. 從單槓出發，邁向斜槓人生

斜槓真正的內涵，是聚焦在志趣及價值的導向，藉由自

己的熱情與強烈的企圖心，從現有的專業向外延升，例如：專業的銷售人員，本於熱情及服務的初衷，在網路上分享業務談判、經營客戶的技巧，成爲網紅、自媒體或是藉由出書及演講，變身作家及講師。

或是融合不同的專業，揉合成新的創意，例如：心理師結合美術或是音樂、園藝的專業，成就另類的舒壓療法；此外，企業專業經理人，可以成爲旅遊達人、藝術鑑賞家；人人都可以藉由興趣與學習，變身廚師、畫家、作曲家或演奏家。

藉由斜槓，轉換不同的心情，展現不同的價值，也成就不同的視野與職涯！

5. 你有斜槓的本錢嗎？

人人都可以成爲新時代的斜槓青年，但是，要成爲優秀且無可取代的斜槓高手，有以下幾個重要的硬技能與軟實力，說明如下，提供讀者參考。

⑴ 成為斜槓青年，須養成的硬實力

  ① 從精熟一項專業開始；因爲斜槓是不同專業的結合，不是整合一堆半吊子的能力；先具備一個專業能力，是向斜槓邁進的基礎。

  ② 培養多元的興趣，找出有潛力、具發展空間的領域，規劃完整的學習計畫。

  ③ 結合趨勢發展、新知識及新技術，讓你的斜槓專業，更具創意與優勢。

⑵ 成為斜槓青年，須具備的軟實力

① 有效率的時間管理及自律能力，讓你在有限的時間，成就不同的專業能力。

② 不斷求變、創新，讓你的斜槓價值更高，也更有影響力。

③ 人脈是拓展斜槓的重要觸媒，有了人脈的加持，你的專業會被更多人肯定。

④ 堅持是成事的基礎，想要高人一等成為斜槓人才，堅持是一種必要的美德。

6. 變化快速的時代，不要平凡過日子

斜槓不是頻繁轉職、不穩定或是見異思遷的代名詞，而是善用時間與心力、多元職能及寬廣職涯發展的積極作為。

台積電創辦人張忠謀說：「加速的社會，年輕人需要早點成熟，不能太慢；30歲還不能有出人頭地的跡象，這不太好；假如到了40歲，還是平平凡凡，這就很不好！」

競速的時代，加快了學習的腳步，也拉近與成功的距離；人人都能善用資源跨足多項領域，「多元知識」加上「分眾市場」等於更多的市場間隙與機會，在斜槓職涯的經營上，大家都站在相同的起跑點，只要具備行動力，就能心想事成！

7. 創造無限想像的未來

如果你是斜槓人才，恭喜你能與時俱進，在競爭的環境

中，強化競爭優勢；假如年輕朋友正想跨進這個嶄新的世界，你必須從學生時代，就開始拓寬學習的視野，同時放寬胸襟，擁抱不同的專業與技能；試著讓自己發光發熱，把握當下，創造成功的故事。

數位化與人工智慧取代人力是現在進行式，不論因為危機意識或多元發展，人人都是斜槓人才的時代，已經來臨！

如果你不想被時代的趨勢淘汰，如果你希望在未來職場上有立足之地，勇於挑戰斜槓人生，讓自己具備多元價值；你會發現，成為斜槓人才，將是我們人生中最幸福的堅持與承諾。

你有斜槓的本錢嗎？

人人都可以成為新時代的斜槓青年！但是，要成為優秀且無可取代的斜槓高手，有以下幾個重要的條件，區分為硬實力與軟實力：

Ａ 成為斜槓青年，須養成的硬實力

1. 先從精熟一項專業開始 —— 因為斜槓是不同專業的結合，不是整合一堆半吊子的能力；先具備一個專業能力，是向斜槓發展、前進的基礎。
2. 由培養多元的興趣出發 —— 找出自己有潛力、具發展空間的領域，規劃完整的學習計畫。
3. 結合趨勢發展與新知識及新技術 —— 能讓你的斜槓專業，更具競爭優勢。

多元職能時代年輕世代的斜槓大挑戰

15-7　上班族職涯發展的5個提醒

在人力銀行17年的工作過程中，接觸大量的上班族，下列5個與職涯相關的觀察與心得，與大家分享：

1. 知識型技術類「灰領階級」崛起

年輕人對於新創服務業有高度的興趣，使得「灰領階級」逐漸崛起，「灰領階級」多由傳統藍領工作轉型而來，消費者對服務諮詢與技術知識的需求，使得工作型態轉趨細緻與專業。

這樣的趨勢在「美容相關產業」最為明顯，例如：以往所稱的「理髮師」已正名為「髮型設計師」；而化妝品專櫃小姐，也改稱為「美容諮詢顧問」或「彩妝師」；傳統工作型態的廚師、美髮師、麵包師傅、水電修繕、園藝造景等工作都隨社會的演進，變身為知識技術類工作；專業證照與生活時尚融

合；這些投入「灰領階級」的工作者，較之白領上班族，絲毫不遜色。

職涯發展不再侷限在「白領」與「藍領」兩大區塊；任何工作，只要做出價值，就是成功與高薪的保證；多元發展的時代，「灰領」一樣能夠飛上枝頭當鳳凰。

2. 管理職與專業職發展

找到「定位」是成為關鍵人才的基本要件，在職場上要有出色的表現，必須有適合自己的角色及精彩的劇本，依照自己的個性、特質與志趣，決定朝「管理職」或是「專業職」發展；集中火力將角色扮演好，現在是專業分工的時代，主管要有帶領團隊的能力，而專業人才則需擁有獨當一面的知識與技能。

不論是「管理職」或是「專業職」，都能在職場上發光發熱。

3.「跟對主管」比「找對公司」重要

「擁有專業」、「找到識才的伯樂」是兩項成就職涯不可或缺的要件！

年輕上班族找工作，最重要的是能「跟對人」；遇到一位願意教導且嚴格的主管，是成功的關鍵；我舉一個例子與大家分享：

在澎湖服役時，新任指揮官從國防部調任作戰部隊歷練，

那時我負責人事行政業務，每天都有很多公文要處理，指揮官嚴格要求公文的品質，除了不能寫錯字之外，連手寫的標點符號，都要畫得像印刷體一樣。

這讓我們這群年輕的幕僚傷透腦筋，每份公文都得戰戰兢兢的反覆檢查；因為如果寫錯字，必須拿著文房四寶，到指揮官房間寫10遍；公文遭到退回，「清稿」重簽更是家常便飯。

當時覺得長官太嚴苛，但是，卻是在這樣的要求下，鍛鍊了洗練的文字能力與嚴謹的做事態度。

遇到識才的伯樂及要求嚴格的主管是一種幸福，如果主管縱容敷衍、得過且過，你的職涯就會被葬送在安逸裡。

4. 職涯發展，就像一場攀岩的競賽

面對「不確定的時代」，對於新鮮人及職場老鳥而言，職涯就像籠罩著迷霧般，前途一片迷茫；要能撥雲見日，並不容易；除了職場的體悟之外，也必須有觀念及行動的引導。

職涯與人生就像攀岩活動一樣，每走一步，必須步步為營，看清楚未來三步的落腳處，否則一失足就成千古恨！

人類壽命不斷延長，意味著大家的人生與職涯將會十分漫長，如果不妥為規劃，就會浪費自己的生命，2024年2月24日台積電創辦人張忠謀以92歲的高齡，仍然神采奕奕的親赴日本雄本，見證「復興日本半導體產業」的台積電雄本廠落成典禮。

各位想一想，92歲時的我們可以做什麼、成為什麼樣的人？期待大家能在「有限的職涯」，創造「無限的價值」！

5. 別怕輸在起跑點，贏在終點最重要

　　職涯的過程就像潮水一樣，潮起潮落、起伏不定；面對工作成敗要有「勝不驕，敗不餒」、「得意須盡歡，失意莫灰心」的態度；大家要能理解，職涯的成長不是單純的線性關係；人生與職涯從出發到結束，「兩點之間最短的距離，並非直線」。

　　先蹲後跳、以退為進，是職涯發展的重要哲學；網路上披露黃仁勳曾舉的一個例子，摘錄如下：

　　「在京都一座古寺，他看見老園丁蹲低身體，拿著小竹鑷子、竹籃，慢慢地清除枯黃的青苔，在廣闊的花園中，顯得特別渺小，黃仁勳不禁詢問，你的器具這麼小，要如何照顧偌大的花園？

　　『我有的是時間。』老園丁回答。黃仁勳形容這句話，正是他能給的最佳職涯建議；他透露自己並不常配戴手錶，是因為不希望追逐時間；多數時候我靜待時機降臨，我專注此刻、享受工作！」

　　成功人士不會汲汲營營在一時的成就，而是活在當下，把事情做到最好，職涯就像馬拉松，競賽尚未結束，勝負未定。大家一起加油！

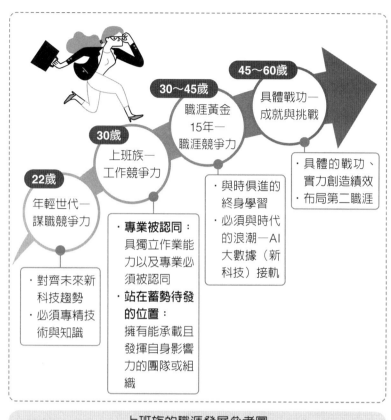

上班族的職涯發展參考圖

15-8 「樂在工作」與「職涯發展」相輔相成

觀察人力銀行的調查報告，7成上班族對現在的工作不滿意，有3成的人隨時處於「騎驢找馬」的狀態中，可見多數上班族並不快樂；新世代年輕人忠於自己的情緒與感受，稍有不如意，就會掛冠而去，讓企業與主管傷透腦筋！

上班族的異動率愈來愈高，目前能在一個工作崗位待上2～3年，就算是資深員工了，由於工作生態的改變，也改寫了「樂在工作」的定義。

俄羅斯作家馬克西姆‧高爾基（Maxim Gorky）說：「當工作是一種樂趣，生活就是一種享受！當工作是一種義務，生活就被奴役了。」

「樂在工作」一直是所有上班族追求的目標，然而在價值觀多元的時代中，職場工作者對於「工作」的認知與定義，就寒天飲冰水一般，每個人都「點滴在心頭」。

「快樂工作」除了從自我的角度出發，也必須由組織的面相探討，一味要求上班族面對任何環境都要「樂觀以對」，或是全然由企業負起員工滿意的責任，都不合理，以下區分企業與個人探討如何營造「樂在工作」的文化與氛圍：

1. 企業思考3個建立「快樂文化」的關鍵因素

⑴ 「公平、正義」勝過福利薪資

上班族在工作中要什麼？薪酬、福利是基本的「保健因素」，還必須加入成就、賞識、尊重等「激勵因素」，才能構成完美的組合。

任何事「不患寡，患不均」，各行各業的上班族，轉換工作職場的心路歷程，最大的關鍵是在組織中「不能得到公平的對待」；公平的感受是主觀且抽象的，但卻是求職者最在意的

工作元素；企業如果不能致力營造公平的制度與環境，會讓員工對組織產生疏離及不信任感，在離心離德的環境中，「快樂工作」無異是緣木求魚！

⑵ **尊重員工，是營造快樂組織的基本條件**

老闆、股東、員工是組成企業的3大要素，企業經營的目的是創造股東的最大利益，但是所有的老闆都應將員工視為最重要的資產；看得見的金錢報酬，只能暫時留住員工，尊重員工的具體實踐，才能澈底收服員工的心。

一家金融公司曾對旗下數千名員工進行普查，發現員工「不怕上戰場打仗，但需要公司尊重與賞識」。

臺灣的上班族離職率很高，老闆與主管要想想：「是不是在尊重員工上，做得不夠好？」

⑶ **組織績效，是支撐「快樂指數」的關鍵因素**

「企業不賺錢是一種罪惡」，如果公司無法獲利，很難有足夠的資源營造「快樂工作」的環境；國內一家科技大廠，由於研發創新腳步落後，使得經營績效大幅下滑，雖然人資單位處心積慮的推動各式福利措施，更積極經營員工家屬，但是一樣止不住員工的離職潮；反觀聯發科、台積電等營運績效卓著的企業，員工滿意度、向心力及工作的快樂指數均為業界翹楚！

企業經營者該如何營造員工「快樂工作」的場域與企業文化，是對企業家胸襟與遠見的考驗。

2. 上班族「樂在工作」的3個努力重點

(1) 調整工作心態，建立正確觀念

　　我們是否真正喜歡自己的工作？是否能夠「樂在工作」？首重觀念與心態，「活在當下」、「正面思考」能夠戰勝挫折與壓力，批評抱怨、歸罪於人的「負面思維」，則讓人陷入萬劫不復的災難。

　　「躺平主義」、「在職離職」有其積極的內涵，但多數是消極抵抗、冷默因應的代名詞。

　　主管最怕遇到下午5點洗便當盒、收拾包包，6點鐘準時刷卡下班的員工；因為這些人多半是無心戀棧、「人在心不在」的影子人，他們從上班開始，就等著下班，對組織與主管完全沒有認同感與向心力。

　　白宮女記者海倫・湯瑪斯（Helen Thomas）說：「我熱愛我的工作。我自認很幸運，能選到讓我自己每天都將上班視為享受的職業。」

　　世界上沒有完美的組織與工作，工作觀念與認知會影響工作心情，「選我所愛，愛我所選」，在工作中找到學習的動力及感動的元素，凡事心存感謝，樂觀面對人事物，就能夠提升自我的快樂指數。

(2) 建構自我的支持系統

　　蓋洛普公司（Gallup）曾經耗費35年的時間研究，調查500萬上班族，發現有「職場知音」的上班族，較能樂在工作，並展現好的工作態度。

工作與生活的挫折及失敗在所難免，我們要讓負面情緒占據心房，還是建立對抗壓力的免疫系統？

建構「支持系統」是協助突破困境、「快樂工作」的重要方法，不論在工作、生活、人際、健康、情感等範疇，都有公私立機構可提供諮詢與輔導，尋求家人、同事、朋友或是社團、宗教的協助，能夠抒解心情、解除壓力、克服挫折，重新找回工作動力，回到樂觀、積極的道路上。

⑶ 碰到不如意，躲一躲吧

阿里巴巴的執行長馬雲曾說過一個小故事，來闡述遭逢困境時的因應之道。

3個和尚出門，天氣陰晴不定，其中一位和尚帶了傘，第二位和尚帶了雨衣，第三位和尚空手出門，什麼都沒帶，結果半路上果然遇著了傾盆大雨，帶了傘及雨衣的和尚，急忙使用雨具遮雨，由於雨勢甚大，返回寺廟時，帶了傘及雨衣的和尚依然是滿身泥濘、全身溼透，但第三位和尚卻是全身乾爽，沒有被大雨波及；原來他遇到了大雨，不急著趕路，找了民舍躲雨，待雨停了再繼續旅途。

在工作及人生的道路上，難免有無法預期的災難與風險，與其強渡，不如找個地方躲躲、休養生息，也許可以撥雲見日，重啟新機。

企業做好3件事	上班族做好3件事
「公平、正義」勝過福利薪資。	調整工作心態，建立正確觀念。
尊重員工，是營造快樂組織的基本條件。	建構自我的支持系統。
組織績效，是支撐「快樂指數」的關鍵因素。	碰到不如意，躲一躲吧！

樂在工作，企業與上班族做好3件事

15-9 讓「快樂工作」如影隨形

　　景氣榮枯、科技發展、產業競爭都會影響工作，上班族無時無刻都面臨著「工作保衛戰」，年輕上班族初入職場，要面對融入社會與組織的挑戰；到了40歲以後，又要戰戰兢兢、小心不被職場天花板擊倒；「快樂工作」似乎是奢侈、遙不可及的虛幻圖騰，然而，工作占我們人生最大的比重，如果我們能夠認清環境及自我，努力找到定位，建立正向的工作態度，「快樂工作」就會如影隨形的伴隨在我們身側。

1. 我們是自己最大的敵人

　　上市公司老闆的辦公室牆上掛著一幅國畫，內容是書生將

手中利劍，刺向自己的影子，畫上草書的題字是：「打遍天下無敵手，最怕自己是敵人」。董事長打拚事業，從年輕開始，就以這句話期許與提醒自己，不要陷入盲點中。

人們最想改變的是環境，最不想改變的是自己；「一個人的快樂，不是因為他擁有的多，而因為他計較的少」、「一個人是否成功，在於他有沒有能力改變自己」。

2. 10項指標，檢驗工作的快樂指數

以下10個指標來驗證你的快樂工作指數，符合程度愈多，表示你的快樂指數愈高，反之，你不是每天渾渾噩噩，過一天算一天，就是內心抑鬱、懷才不遇。

每個人的能力、智慧差異不大，所擁有的時間也相同，但是工作的抉擇及企圖則互異，如果你想要在職場上成為長勝軍，找到努力的方向，同時享受工作的過程，才能成為「快樂工作」的上班族！

⑴ 你的工作能結合志趣與特質　　　　□是　□尚可　□否

⑵ 你能自信且大聲的告訴別人：「我喜歡我的工作」

　　　　　　　　　　　　　　　　　　□是　□尚可　□否

⑶ 能忍受工作的挫折並快速自我療傷　□是　□尚可　□否

⑷ 你在工作中能創造好的績效　　　　□是　□尚可　□否

⑸ 你的主管及同儕認同你的專業與表現　□是　□尚可　□否

⑹ 報酬能滿足現實經濟的需求　　　　□是　□尚可　□否

⑺ 在工作領域有不斷學習的動力　　　□是　□尚可　□否

⑻ 在工作中能源源不斷的挹注熱情　　□是　□尚可　□否

⑼ 在工作與生活中能建立良好人際關係　□是　□尚可　□否

⑽ 有固定且長期的休閒活動　　　　　□是　□尚可　□否

省思與研討

1. 你的工作認知及工作價值觀是什麼？
2. 你適合外派工作嗎？為什麼？
3. 請做3～5年的職涯規劃，並說明達成的進度與方法。

關鍵人才求職篇

第16章　上班族的謀職攻略

第16章

上班族謀職攻略

謀職的經典語錄

○

賈伯斯（Steve Jobs）

工作是人生的一大部分，唯一獲得真正滿足的方法，就是做你相信是最偉大的工作；而唯一做偉大工作的方法，就是愛上你所做的事。如果還沒找到，繼續追尋，不要將就。

盧希鵬教授提醒求職者找工作的原則

找的不是工作，找的是公司；找的不是工作，找的是主管；找的不是薪酬，而是發展；找的不是工作，而是專業；找的不是安穩，而是商機！

求職小故事

○

找一個看得到你的人

　　2014年上映的美國影片《漸動人生》，片中描述一位古典鋼琴家凱特（希拉蕊·史旺飾）罹患俗稱漸凍人症的肌萎縮性側索硬化症（ALS），與照顧她的大學生貝可（艾咪·羅珊飾）一段相知相惜的動人情誼；凱特在病況惡化、生命垂危時，勉勵對人生迷惘、生活失序、沒有自信的貝可一句話：「找一個看得到你的人，讓他看見我眼中的你，你眼中真正的自己！」

16-1 「選擇」與「被選擇」的省思

　　人力銀行職缺數屢創新高，2024農曆年前，104徵才平臺，有百萬個以上的招募缺額；即使工作機會爆棚，但在企業嚴選人才的趨勢下，上班族要找一份稱心如意的好工作，還是不容易！

　　人力銀行統計上班族平均一生至少要換7次工作（相較職場現況，此應為低估的數字）；因此，轉職是必然會遇到的場景，從新鮮人到職場老鳥，想要力爭上游，工作愈換愈好，強化自我的專業競爭力，是關鍵的重點。

　　轉換工作是一個「選擇」與「被選擇」的過程；我們探討企業的選才標準，致力提升競爭力，成為難以取代的關鍵人才，才能夠掌工作主動權，投入符合志趣的舞臺，不會像無根的浮萍一樣隨波逐流！

企業錄用人才的標準

區分	說明
學歷	＊學校、科系與學位。
專業	＊與職務相關的專業能力。 ＊解決問題的能力。 ＊良好的外語能力。 ＊擁有相關證照。
工作態度	＊主動積極、正面思考的人格特質。 ＊良好的溝通協調及情緒管理能力。 ＊自我管理與責任感。 ＊虛心學習的精神。 ＊抗壓力與挫折恢復力。 ＊良好的工作倫理。
（管理職）	＊領導管理力。
其他	＊豐富的人脈資源。

資料來源：104及作者整理

❶ 個人成長	❷ 合理報酬	❸ 產業前景
是否能學習到多樣且專業的知識,同時增進視野,並培養正確的工作態度。	工作時數／工作內容和實際所領薪資是否合理相稱。	具有前瞻性與遠景的行業與公司。

❹ 晉升機會	❺ 工作價值	
有公平的考核制度及升遷機會。	具有工作義意並樂在其中。	

選擇合適工作的5大要素

16-2　什麼時候該換工作？

「評估轉職時機」,是上班族費心傷神、左右為難、舉棋不定的課題;人力銀行每年因應「轉職潮」發布的調查統計,有近8成的上班族想轉換跑道;不論因為薪資差異、人際議題、職涯發展或是工作遭遇困難與挫折,工作過程中主動或被動轉換舞臺,是上班族都會面臨的挑戰。

「104職場力」引述(《富比士》)雜誌專欄作家克里斯蒂‧海吉斯(Kristi Hedges)提出5個換工作的時機;如果有以下5種狀況,解決問題最好的方法就是離職。

⑴ 工作已嚴重影響健康。

⑵ 完全沒有升遷機會。

⑶ 無法學習新技能。

⑷ 公司長期處於不確定狀態。

⑸ 你已失去工作熱情或動力。

專家指出：「站在3年後的角度，看現在的自己」，若是目前的所做所為，不能達成理想與目標，就應該毅然轉職，不要留戀。

觀察上班族轉職的原因，整理歸類為下列11項，提供讀者參考：

上班族轉職的原因

區分	原因	
	主動離職	被動離職
薪資落差	＊薪資太低或調薪不如預期。 ＊應聘更高薪資的工作。	
生涯規劃與專業	＊找規模大、營運好、有前景的公司。 ＊從乙方到甲方、從本土公司到外商企業發展。 ＊跨領域發展（跨產業、跨職務）。 ＊提升專業能力。 ＊尋求「主管職」的挑戰。	
經營理念／管理制度	＊與公司經營理念不同，不認同組織制度或主管管理模式。 ＊考核、升遷、獎懲問題。	
海外工作發展	＊赴中國或東南亞、歐美國家發展。	
被動挖角		＊獵才顧問或同業挖角。

區分	原因	
	主動離職	被動離職
創業或成為獨立工作者	*創業或成為自媒體、網紅、外送等自僱者。	
績效落差		*工作表現及績效落差。
人際關係與互動	*與主管同儕溝通互動出現問題。	
公司營運／組織調整		*公司營運問題或組織調整，導致資遣、裁員。
工作投入意願	*工作內容不符志趣。 *工作壓力大、工作時間長。 *失去工作的熱情與投入意願。	
個人因素	*搬遷、交通、婚姻、進修、健康等個人或家庭因素。	

16-3 上班族找工作的考量因素

　　面對找工作的議題，要理性思考轉職抉擇及未來投入的工作，避免愈換愈差、轉職失敗的窘境；以下轉職考量及評估因素，提供大家參考。

1. 評估6項重點，為轉職把關

　　⑴ 選老闆，比選公司重要：上班族轉職，找到誠信正直、認真經營，識才、惜才的伯樂比什麼都重要。

　　⑵ 選前景，比組織規模重要：企業有前景，才有發揮的舞臺，組織規模不是職涯發展的保證。

　　⑶ 選工作內容，比職稱重要：很多上班族對於職稱很在

意：權衡工作與職稱，建議你重視實質的工作內涵及挑戰。

(4) 選穩定，比薪酬重要：如果不能穩定任職，就無法發揮潛力、展現績效；因此，不要一味追逐高薪工作，領得久比領得多重要；在穩定的環境中，為組織貢獻所長、創造績效，才能延續自己的職涯命脈。

(5) 選創新，比待在舒適圈重要：新技術、新知識衝擊所有產業，上班族不要把自己豢養在舒適圈中；勇敢迎接創新求變的挑戰，才能讓專業加值，開啟新的視野與契機。

(6) 忠於自己的志趣：在工作中發掘潛能、找尋方向；結合自己的專長與特質，才能激發熱情，成就事業；大前研一說：「專業從下班後開始」，人們對於有興趣的事，才會義無反顧、無怨無悔的付出；也才能秉持「以苦為樂」的精神，愈挫愈奮、向前挺進。

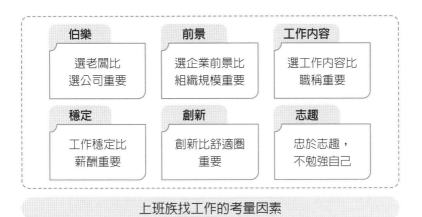

上班族找工作的考量因素

上班族轉換工作，不論離職的原因與理由為何，必須審慎評估自己的專業能力（硬技能）與人格特質（軟實力）；清楚盤點優勢與劣勢，同時也要研判自己的市場價值，找到重新出發的起點！

上班族的硬技能與軟實力盤點——以業務職為例

區分	硬技術	（1-5分）量表	軟實力	（1-5分）量表
知識技能能力	產品知識與專業證照		溝通表達	
	客戶開發／經營		談判技巧	
	業績表現		行動力	
	供應商及代工廠人脈		團隊合作	
	展會籌辦		商業禮儀	
	應收帳款管理		時間管理	
	語文能力		自律與執行力	
	Office作業系統		堅持不放棄	
	程式撰寫		挫折恢復力	
	資訊系統操作		學習力	
	其他專業知識與技能		其他軟實力與競爭優勢	

（蒐集自評及他評的資訊，能客觀檢視自己的職場競爭力）

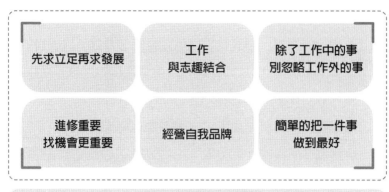

先求立足再求發展

工作
與志趣結合

除了工作中的事
別忽略工作外的事

進修重要
找機會更重要

經營自我品牌

簡單的把一件事
做到最好

上班族應有的工作認知

2. 工作沒有好不好，只有適不適合

職場專家告訴上班族，要找符合志趣的工作；但是，大家都清楚，凡事不可能盡如人意；任何工作都無法完全符合期待，薪資高，可能加班多；產業前景佳，可能遇上惡主管；環境好，可能交通遠；工作有興趣，可能同儕難搞。

大家要學習融入不同的組織文化，適應主管的管理風格，與個性差異的同儕和平相處；同時，也要從工作中找到樂趣。把興趣當工作可能不那麼美好，但是將工作發展成興趣，將為人生增添多樣色彩！

世間沒有理想的工作，想要「錢多、事少、離家近」，滿足所有的謀職需求，是不可能的任務。

40年的職涯旅程，每個階段的工作需求不同；初入社會的新鮮人，學習工作經驗比薪水重要；年屆30的上班族，爭取

獨當一面的主管職務是當務之急；35歲的已婚上班族，有養育子女及房貸的壓力，薪資及工作穩定要優先考量；到了50歲以上，不必汲汲營營在自我的成就上，培養接班人、協助團隊成長、發展第二職涯及維持健康的身心才是重點。

職涯的任何階段，如果不幸中箭落馬，落難中的朋友們，別考慮那麼多，有工作就上工，先找到棲身之所，「留得青山在，不怕沒柴燒」；人生及職場，「逆轉勝」的例子很多，大家別怕一時受挫，人生就像馬拉松，未到終點勝負未定！

鴻海主管謝冠宏，2012年10月因為請假前往日本，無法返回公司開會而被開除，他將挫折化為動力，創立了耳機的自有品牌——萬聲魔學；賈伯斯也曾被自己創辦的蘋果公司開除，但最後憑著實力重返榮耀。

上班族不要妄自菲薄，「一枝草一點露」，只要肯努力，每個人都有發光發熱的機會！

3. 人才是相對優秀，不是絕對優秀

從企業招聘人才的經驗中發現，企業錄用人才的標準差異很大；在A公司表現卓越的人才，到了B公司，不見得獲得認可，這是因為每家公司的環境、文化、資源都不同；此外，經營者及主管的個性、價值觀與領導風格，會影響喜好人才的類型。

一家科技公司的總經理，擅長製造恐怖平衡；他認為業務、研發、生產、管理等單位的衝突及爭執，能促使彼此牽

制、相互制衡；他要求人資人員在招募時，將善於爭鬥的特質納入選才的標準。

要在這家公司生存，必須適應辦公室政治及派系鬥爭，同時具備察顏觀色、長袖善舞的特質；個性敦厚務實的人，很難進入主流圈。

4. 千里馬常有，伯樂不常有

臺灣企業員工的離職率居高不下，「組織抱怨人才，員工埋怨公司」的戲碼不斷上演；企業要找對的人，而人才也要找對東家；職場上充斥著騎驢找馬、待價而沽的上班族。

上班族要「把握當下」，強化自己的專業技能與職場競爭力，成為企業不可或缺的關鍵人才，才能擺脫「被選擇」的轉職瓶頸，拿回工作的主導權。

16-4　上班族找工作的管道有哪些？

上班族轉換舞臺有哪些管道，列表整理如下：

上班族轉職管道一覽表

	找工作的管道	說明	優點	缺點
1	人力銀行	＊企業刊登大量職缺，求職者可藉由區域、產業、公司、職務等類目，搜尋合適工作機會，並投遞履歷。	＊大量職缺可供選擇。 ＊投遞履歷快速及時。	＊難以辨別企業真實需求。 ＊被動等待企業通知。 ＊無法得知不符原因。 ＊萬年職缺及無效職缺多。
2	人脈引薦	＊親友、師長、朋友介紹。	＊藉由人脈關係，可深入了解企業特性及職缺內容。 ＊由熟識人脈引薦，面試的機會較主動應徵為高。	＊人情因素衍生工作、人際困擾及主管管理議題。 ＊工作不適任、離職抉擇承受人情壓力。
3	社群媒體	＊企業在Linkedin或ＦＢ刊登招募啟示或HR招募人員直接邀約人選面談。	＊企業選擇在社交平臺進行招聘的趨勢上升。 ＊經營個人社群及塑造專業形象，可獲得企業青睞。	＊留意詐騙及不實廣告，小心個資外洩。
4	獵才顧問	＊企業委託獵才顧問主動出擊招聘人才。 ＊獵才商模以主管及關鍵人才為延攬對象。	＊顧問居間媒合，有效保障企業及人選的權益。 ＊提供隱藏版職缺。 ＊協助人選爭取合理薪酬。	＊獵才公司對企業收取服務費，採用獵才招聘的公司相對小眾。 ＊學經歷俱優人選是獵頭瞄準的對象。

	找工作的管道	說明	優點	缺點
5	招聘會	由公民營機構舉辦，主要針對新鮮人或第一線基層職缺。	直接與企業接觸，可逕行遞送履歷及現場面談。	不適合專業人才及中高階主管。
6	考選	大型企業採用考選方式招募人才。	以考試成績（筆試／面談）為錄用標準。	人選需通過書面審查，準備應考科目及參加面試。

招募管道

刊登廣告
人力銀行
企業官網
報章雜誌

大量徵才
校園徵才
軍中徵才

獵才招聘
獵才公司

人脈介紹
社群網站
（Linkedin、FB）
員工推薦

企業人才的招募管道分析

刊登廣告	大量徵才	獵才招聘	人脈介紹
優點	**優點**	**優點**	**優點**
◆ 成本低 ◆ 曝光效果持續 ◆ 可獲取大量的應徵履歷	◆ 鎖定特定領域人才 ◆ 可大量蒐集履歷 ◆ 招募活動聚焦 ◆ 招募具行銷亮點	◆ 量身訂做找人才 ◆ 招募精準 / 快速 ◆ 大量接觸符合人選 ◆ 顧問 / 企業雙重把關 ◆ 背景調查及人格特質 / 工作意願確認 ◆ 主動行銷企業亮點 ◆ 任職保證期保障 ◆ 主管及專業人才的主流招募模式	◆ 人才值得信任 ◆ 招募成本低 ◆ 人員熟識，能力特質掌握度高
缺點	**缺點**		**缺點**
◆ 中高階及關鍵人才主動應徵意願低 ◆ 招募面談耗時耗力 ◆ 刊登職缺資訊無法清楚解讀 ◆ 職缺公開風險	◆ 基層年輕族群較多 ◆ 較難吸引專業人士 ◆ 舉辦時間無彈性 ◆ 徵才效益短暫	**缺點** ◆ 成本較高	◆ 來源有限 ◆ 可遇而不可求 ◆ 有人情壓力 ◆ 不適任，難處理

招募管道的特性及優缺點探討

善用人脈找工作
1. 優先面試
2. 優先錄取
3. 了解工作內容及文化
4. 有人關照
5. 有助適應新環境

善用人脈找工作

16-5　如何撰寫履歷？

　　履歷表是謀職必備利器，也是企業篩選求職者的重要依據；在這個自我推銷的時代裡，不僅產品要靠行銷及廣告來包裝，上班族找工作，也要運用行銷的觀念來展現自我的優勢。

　　企業招募人員的時間有限，通常幾分鐘內就篩選一份履歷；求職者必須將關鍵的內容優先呈現出來，無關緊要的敘述會讓履歷內容發散且無重點。

　　如何去蕪存菁，保留最精華的部分，求職者在投遞履歷前，一定要詳加檢查。

　　在履歷中揭示具體績效與成果，最能吸引HR（泛指：人事部門、人力資源部門）及用人主管的目光，讓自己在眾多應徵函中脫穎而出！以下5個撰寫履歷的重點，提醒求職朋友留意：

1. 研究企業特性及職缺的要求

　　依照企業的屬性及招募廣告的訊息（可以透過人脈打聽或請教招募承辦人），解析職缺所需的條件，再依據分析結果，將個人符合的經歷及特質加以闡述，對焦職缺所需的專業能力，以利進入面談程序。

2. 為應徵工作「量身訂做」履歷

　　「量身訂做」的履歷表能在眾多競爭者中獲得青睞，針對公司與工作的特性及內涵，將自己的能力與特質與應聘職務緊密對接；目的是極大化符合企業的用人需求，要讓企業覺得你就是「最適合的人選」，才能成功爭取面試機會。

104人力銀行提供上班族會員撰寫6份履歷表，就是提醒求職者針對不同的職務，「量身打造」符合企業需求的履歷內容！

許多新鮮人及上班族求職心切，製作公版履歷表，並運用在所有的求職應徵中，只修改職缺項目；這樣的做法會讓自己的履歷淹沒在應聘的人潮中，大大降低面試及錄取的機會。

3. 蒐集企業近況，簡要敘述心得

一份關心企業概況，結合個人能力與特質的履歷表，能引發企業的興趣，例如：在自傳中闡述應聘企業近期的動態、產品訊息及發展方向，讓企業感受你的用心與誠意。

瀏覽企業官網及利用Google網站搜尋，可獲取相關的資訊；既能深入了解應聘公司的現況，又可在履歷中陳述看法，增加履歷表的能見度，是一舉兩得的好方法！

4. 讓企業覺得你就是「最適合」的人選

求職者除了針對企業刊登的職缺內容，深入分析應徵職務所需的條件與能力，同時研判公司需求人才的樣貌；用心包裝自己的硬技能與軟實力，例如：擅長溝通表達的求職者，應徵業務專員的職務，要強化自己在客戶經營、產品說明、問題解決的工作態度與專業能力；應徵人資人員，則要強調自己樂於與人相處及耐心細心、善體人意的人格特質。

如果能夠舉出實例及成就，更能打動審閱履歷的HR及用人主管。

5. 一份能與企業溝通的履歷

文字可以平凡的讓人打瞌睡，也可以充滿活力與熱情，端看求職者如何賦予履歷生命力。經常看到人選的履歷表，都是將自己的經歷逐項條列，例如：當過專案負責人、籌備展會活動、參與專案開發作業及擬訂產品行銷計畫；求職者通常僅在工作項目後，條列說明工作重點。

能引發共鳴的履歷表，是在工作經歷中，闡述自己扮演的角色，具體的成果，並分享成功與失敗的經驗及未來可以精進的做法。

故事性的敘述，有畫龍點睛的效果；讓工作經歷呈現畫面與動態，完勝平鋪直敘的單調文字；求職者的履歷內容如果生動，具有事件的情境及內涵，可藉由引人入勝的案例，拉近與企業的距離。

6. 包裝不凡的個人優勢

每個人都有不同的優點與特質，在這個競爭的社會中，至少要有一項能力贏過他人，有些人的專業知識與技能高人一等，有些人的績效傲視群倫，有些人特別細心、有耐性，有些人善體人意、溝通談判能力出眾，有些人辯才無礙，有些人具備絕佳的親和力。

知己知彼，結合工作的需求及企業的喜好，將自己的優點推銷出去，讓工作手到擒來。

7. 感動人心的工作動機

企業重視求職者的工作動機，「能做」、「願意做」是公司評估應聘者的標準，具備旺盛企圖心的員工最受組織歡迎；因為有了這項特質，在工作學習、適應環境與忍受挫折等方面，都能自發主動、自我激勵、迎接挑戰！

即使沒有傲人的學／經歷，靠著感動人心的工作動機，一樣有機會打動面試官，創造謀職契機。

一位製造業背景的上班族，渴望脫離機械式的枯燥生活，投入有溫度的飯店服務業；他了解自己沒有相關經驗，求職勝算不高。他花了1年的時間，利用旅遊住宿的機會，仔細觀察飯店工作的內容，同時請教行業中的朋友，並蒐集網路資訊；他整理了一份飯店經營的企劃書，並將科技業的標準作業程序（SOP）及品保知識融合在日常服務的工作中。

精緻有創意的履歷表與工作企圖心，讓他成功獲得5星級飯店的青睞，獲聘為主管的特別助理。

8. 履歷要靠實力來支撐

一份完整扎實的履歷，雖然能夠獲取面試的機會，但是如果「虛有其表」，沒有「真才實料」，面試時會像脆弱的氣球般，一戳就破，遭人看破手腳。

「專業」與「實力」是就業的保障，求職者除了懂得包裝行銷自己之外，也要厚植實戰經驗，才能贏得工作機會。

哪些公司需要你？為什麼？

目標公司是誰？（產業、產品、明確公司）

履歷寫給誰看？（HR、用人主管）

提案式、解決問題的內容架構

提供比薪資高的價值

具體優勢與成果（數據及案例）

思考：企業為什麼要錄取你？

比較：在競爭者中勝出的原因？

履歷撰寫前應有的思維

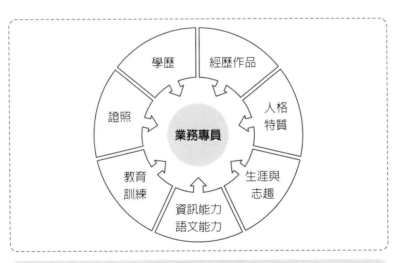

量身訂做的履歷

16-6 製作個人履歷的注意事項

1. 履歷表的格式

⑴ 依履歷內容設計實用格式（自行設計履歷表，可參考網路提供的格式）。

⑵ 人力銀行求職會員，需依履歷格式填寫內容（人力銀行網站有教學範例供參考）。

⑶ 應徵不同的工作，要適度修改履歷內容，聚焦職缺需求。

⑷ 良好的美編設計及列印品質（參加面談，準備紙本履歷，提供面試官參閱），彰顯審慎求職的態度，讓企業HR及面試官建立好印象。

2. 履歷表的內容及撰寫說明

履歷表的內容項目整理如下表，提供讀者參考。

求職者可依實際應徵的職務選擇填寫的項目。目前法令保障個人隱私，同時禁止就業歧視，因此像年齡、性別、血型、籍貫、宗教、黨派等資料，求職者可不必揭露。

履歷表內容項目一覽表

項目	內容	說明
應徵職務	清楚書寫應聘職務	標註個人適合的原因與能力亮點，可加深審閱者的印象。
姓名	中文姓名及英文名	
照片	提供最近1年內近照	選擇正式服裝的半身大頭照（過度修圖，與實際落差太大，不利於面試的觀感）。
身分證字號		可待入職再提供。
聯絡電話／行動電話／E-mail		註明方便聯絡的時間及方式。
通訊地址		企業招聘基層人員，會考慮交通因素（住得近有優勢）。
學歷／科系／修業起訖日期	依序由高至低（研究所／大學／高中）排列	企業會審查就學時間及評估科系與工作是否相關。部分公司會關注高中學歷。
經歷	依序由近到遠排列	公司名稱／擔任職務／任職起訖時間／工作內容與績效／薪資／離職原因。
語言能力	提供多益、雅思、托福成績	國外學歷有助佐證語言能力。
資訊電腦使用能力	一般職務：微軟Office軟體（outlook／word／excel／powerpoint）工程研發及專業職務：相關專業的軟／硬體程式語言與作業系統	具備程式寫作能力是職場趨勢，年輕人及早投入學習，可提升求職競爭力。
具備汽機車駕照狀況		外勤工作須具備汽機車駕照
可到職日		一般企業希望求職者在錄取後1個月內到職。
自傳的內容	自傳的撰寫重點於後敘述	自傳分段寫，約800～1,000字。

項目	內容	說明
作品	設計、工程、行銷企劃等應聘工作，提供作品有利展現績效與實力。	留意保密規定，勿洩露前公司機密。
附件	成績單（新鮮人） 證照／專利／獎狀 著作／論文 其他有助於應聘工作的資料	
推薦人	推薦函	部分大型公司要求提供推薦函，可請師長或前一家公司的友好主管協助提供。
列印簽名以示負責		謹守工作倫理，不提供不實資料（簽名以示負責）。

1 曾經在改善工作時間效率上做過哪些改變？以及結果？

2 曾經為公司省下多少錢？

3 曾經完成過困難的任務嗎？

4 曾經參與過哪些成功的專案？合作的廠商有哪些？

5 你擔任主管時，部門人數？或是曾經訓練過多少人？

6 顧客滿意度的提升百分比？

7 得過每週、每月、每季或是年度最佳員工的次數？

8 工作中你的影響力如何？改變了哪些事情？

9 獲得哪些職場的獎項？或是證照？

履歷撰寫——提供量化數據

3. 自傳的撰寫與範例

自傳在求職的過程中扮演舉足輕重的地位，履歷表能一目了然的呈現人選的概況，而自傳則可以補強履歷的不足，藉由文字與事例的陳述，讓求職者自我行銷、展現專業力與工作企圖心。

自傳是人選與企業對話的媒介，也是人資人員及面試主管審查的重點；一篇好的自傳，能有效傳達專業能力、工作態度與就業意願；辭不達意、錯字百出的自傳，則會讓履歷表淪入碎紙的命運！

自傳須段落分明（每項主題設計簡潔的引導小標題），言簡意賅的敘述求學／工作的過程，同時描述個人專長與志趣，以下整理自傳的寫作內容及注意事項，供大家參考：

⑴ 自傳以A4紙兩張以內為佳，字數800～1,000字（如附英文自傳，大意即可，不需逐字翻譯）。

⑵ 自傳內容包括：姓名／學歷／工作經歷／專長／個性特質／優缺點／工作企圖／職涯發展。

⑶ 專業能力要能寫出重點及特色。

⑷ 工作成果與績效表現，以條列或表格方式整理，以利閱讀。

⑸ 工作學習／訓練進修狀況。

⑹ 工作企圖心／新工作的貢獻及期許／未來發展的規劃。

上班族自傳寫作重點

項目	內容	注意事項
符合應聘職務的原因 工作企圖心	為什麼適合此職務，條列原因說明 工作企圖心重點描述	＊企業審視求職者履歷表時間短暫，因此在自傳的開頭先陳述公司關心的議題（本項內容可以在履歷表的應聘職務欄下書寫）。
家庭概況	內容不宜占據過多的篇幅	＊新鮮人可以較詳細描述（對工作的影響）。 ＊有經驗上班族簡述即可。
學習過程	求學及自我學習的過程及成果	＊詳實說明專業項目及成績。 ＊說明自我學習的經驗，例如：網路及實體課程。 ＊揭示與應聘職務有關的進修項目為主。
工作歷程	說明任職公司／職務／工作內容／績效成果／離職原因	＊新鮮人可以提供實習、打工及社團經驗。 ＊工作1年以上求職者詳述工作內容，著重在工作專業與績效表現。
個人競爭優勢	與應聘工作相關的硬技能與軟實力	＊可為公司帶來哪些貢獻？ ＊公司為什麼要錄取你？
個人優缺點		＊彰顯符合應聘職務的特質與優點。 ＊缺點描述要留意，妥慎做好包裝。
興趣／嗜好／休閒（簡述）		＊簡述即可，這是自傳的綠葉，讓企業感受如何平衡工作壓力及調劑身心。
職涯規劃與發展		＊結合應聘產業／公司及職務。 ＊依自身狀況，展現步步為營的階段性規劃，過於浮誇的目標，不切實際。

重質也重量

- 文字流暢（無錯別字）段落分明／邏輯清晰／工作績效數據化
- 至少800～1,000字。

聚焦表達重點

- 自我（包裝）行銷：強調專業力／企圖心／工作態度／職涯發展。
- 具誠意及感動人心的自傳。

列舉事例有說服力

- 列舉實際例證，比「形容詞」有說服力。

能與企業溝通的自傳

- 描述應聘企業的業態／規模／產品／績效與文化。
- 闡述投入企業的原因及企圖。

過於簡略的自傳，無法展現應徵誠意

自傳撰寫重點

「溫馨開明的成長環境──家庭背景」

　　我是×××，24歲，臺北人；家庭成員有爸爸、媽媽、弟弟和我，爸爸在企業擔任主管，經常提醒我注重課業，同時也告訴我職場的許多現象及經驗。父母親的教導方式剛柔並濟、開明又不失嚴謹，任何事情訓練我獨自去面對、處理。

「負責、合群、全力以赴──個人特質」

　　我的個性認真、合群、負責任；在學期間，不管是課業、分組報告或專題，都全力以赴；大一至大四累計課業表現為全班第一名，並在畢業專題小組中擔任組長，帶領組員完成專題及發表，管控專案進度及成果。大學畢業後繼續攻讀研究所，充實資訊領域的相關技術，提升自我能力。

履歷表──自傳範例

「大學與研究所──專業學習與養成」

大學時期：

　　大學就讀資管系，正式進入資訊的領域，大一利用C#作為開發工具，完成的程式作業，如：點餐系統、樂透機、訂單系統……等。讓我熟悉程式的撰寫方法，奠定了程式設計的基礎。大二時，在資料結構、離散數學、線性代數、物件導向程式設計等科目皆有優異的成績。到了大三，接觸到一些資料庫的相關課程：資料庫系統、資料庫程式設計等科目，開啟了我對資料庫的興趣，此外也學到了演算法的概念，使我更認識資料的運作及處理方式。大四也努力修習大數據及ERP企業資源規劃相關課程；在畢業專題方面我擔任組長，負責工作為Android studio程式撰寫及後端開發、server端與資料庫維護，專題作品內容為一個能夠記錄血壓的APP，比較特別的地方是能利用語音辨識的技術輸入血壓資料，並分析最近的健康狀態。

研究所時期：

　　研究所就讀××科技大學資管所，實驗室為電腦圖學與多媒體實驗室，我的論文主要研究領域為物體辨識及室內導航技術，碩一也曾研究過AR及人臉辨識相關領域，研究所期間修習過物聯網應用資訊安全與風險管理、網路服務資訊安全、資訊科技管理、雲端運算與服務、數位金融創新服務等課程，期望自己在資訊的領域中能有多元的學習與探索。

「未來志向與職涯發展」

　　大學及研究所的學習，培養了我對資訊科技領域的興趣；在研究所的這兩年，除了專業知識的累積與學習外，最大的收穫是接觸新的科技與技術，並養成了「面對問題」、「思考問題」與「解決問題」的能力。

　　期許自己能夠將所學運用在工作上，為公司貢獻心力，並成為一位具有競爭力的科技尖兵。

　　我會努力學習、融入團隊、達成目標、創造績效；希望在職場生涯，能有傑出的表現。

　　非常感謝您撥空閱讀我的履歷，希望能給予面試的機會，謝謝！

履歷表──自傳範例（續）

4. 別忽略社群履歷

企業除了透過履歷及面談來驗證人選是否符合聘用條件，還會多方打探及驗證，例如：查詢、觀看人選的FB、IG及Linkedin社群，藉由人選的發文內容，研判人選的個性與特質。

建議上班族朋友，謹慎發文並留意社群的言論，以免影響企業的觀感；此外，若藉由社群建立專業形象，能為謀職之路增添助力！

5. 每半年檢視更新履歷

上班族朋友應該每半年審視履歷的內容，一方面回顧自己的工作軌跡，另外也記錄能力與表現；如果發現沒有值得更新的地方，就要警惕自己，成長可能停滯了；此外，檢視努力的方向有沒有偏差，及時調整到設定的方向。

定期更新履歷，有利職涯的經營，也對日後的轉職有幫助；疏於記錄工作的事蹟，會遺忘許多有價值的工作表現，等到想「量身訂做」製作履歷時，才發現沒有保留足夠的素材，實在非常可惜！

每半年檢視／修訂履歷的目的如下：

⑴ 回顧工作的軌跡，確認自己在正確的方向上。

⑵ 記錄半年來的工作經歷、成果、學習及心得。

⑶ 檢視工作表現及評估職場競爭力。

⑷ 人的記憶有限，相關的資訊不及時記錄，容易遺忘。

6. 偽造履歷、提供不實資料是求職大忌

　　招募市場中，不實履歷的案例屢見不鮮，不僅損害企業權益，也違背個人的誠信，這是職場的大忌，上班族朋友千萬謹守倫理的原則，不要因為一時的失誤，而讓職涯沾染汙點！

　　不實履歷害人害己，常見的5種情形，揭示如下，大家要引以為戒。

求職者履歷不實的 5 種狀況

區分	狀況說明
學歷	學歷造假（虛構學歷、肄業寫畢業、夜間部寫日間部、假造國外學歷）。
經歷	虛構任職經歷。 拉長或縮短任職期間。 刻意刪除經歷企業（多半為短期離職，或是規模較小、與現職無連貫性的公司）。
職務	提供不實職務或虛增職權範圍，無管理經驗卻提出管理職經歷。
績效	誇大工作範疇與內容、偽造工作成果及數據。
作品	作品及成果不實。

　　誠信是職場最基本的要求，提供詳實、正確的個人履歷，是品格操守的具體展現，千萬不要因為一時疏忽，鑄成大錯；履歷不實，會被貼上不誠信的標籤，得不償失。

16-7　面談技巧

1. 做好面試前的準備工作

好不容易通過了履歷的審查，接下來的面試考驗，是謀職的關鍵時刻。

面談攻防的表現，決定能否獲得工作機會；為了確保萬無一失的過關斬將，面試前應做完善的準備：

⑴ 了解應聘職務的內容及要求，如能透過人脈打聽相關訊息，可見招拆招、掌握致勝先機。

⑵ 詳加了解產業狀況、企業背景、營運狀況、產品／服務與企業文化。

⑶ 準備應試服裝，打理儀容；備妥履歷表、證照、作品等相關資料。

⑷ 確認面談時間，做好交通安排，審慎從容迎接面試挑戰。

⑸ 針對履歷內容及面試可能的提問，整理書面問答檔案；如果期待有出色表現，就要有好劇本！

⑹ 臨場要能舌燦蓮花、口若懸河、辯才無礙，靠的是不斷的練習；這就是為什麼，許多大學要為畢業生舉辦「模擬面試」的原因。

⑺ 克服緊張，保持從容態度，靠得是萬全準備及反覆演練。

⑻ 好好休息，養精蓄銳，建立自信，致力最佳表現。

面談準備	進行面談	面談後評鑑
1. 審閱求職者履歷 2. 準備面試問題	1. 依程序面談 2. 相關測驗 3. 研討工作內容 4. 提問與回覆 5. 評估求職者表現	1. 面談紀錄整理 2. 錄用與否決策

企業面談流程

✔ 確認人選的工作能力（績效）

✔ 確認人選的人格特質與發展潛力

✔ 評估人選適應環境與文化的能力

✔ 確認人選的工作意願

✔ 溝通薪酬與福利

✔ 讓應徵者了解組織與工作內容

企業面試的目的

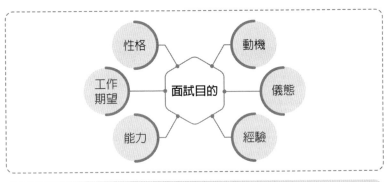

企業面試的內容

2. 謀職面試怎麼穿

面試時建立良好的第一印象十分重要，主管還沒和求職者正式面談前，就已經在為求職者的外在形象打分數了，如何在面試時打造完美印象，「104職場力」提出以下重點，供大家參考。

上班族參加面試的衣著妝扮技巧

重點項目	內容
整潔	*頭髮、鬍子應修整好，指甲須清潔，皮鞋要光亮，鞋帶要綁緊，袖口、衣領等容易髒的地方，須保持乾淨。
剪裁	*簡單大方為原則，切忌顏色鮮豔誇張，要穿著合身的服裝。
裝飾	*若配戴首飾應選擇簡單的款式。 *男性可打領帶，和西裝整體搭配。 *香水或古龍水應選擇清淡的味道。
質感	*女性著套裝，顯得端莊得體，穿牛仔褲就太過隨便；另外，絲襪淡色或近膚色較恰當。 *男性以襯衫、西褲、西裝為主，西裝顏色選擇深色較妥，展現專業、幹練形象；襪子也以深色為宜。
化妝要領	*求職面談時，清爽自然的淡妝，對女性上班族而言十分重要。 *新鮮人步入社會，須融入社會及企業文化；略施脂粉可以讓你的美麗有烘托效果，也會讓自己更具信心。 *求職時的臉部彩妝，要展現個性美，成熟而不老成、鮮亮而不豔麗。

為了展現良好形象，求職者可以提早20分鐘到達面試地點，前往公共的化妝室，澈底的檢視服裝儀容，以確保萬無一失。

3. 測評及電話面談

企業為了審慎過濾人才，在面試前會先進行測評及電話面談，初步驗證應徵者的能力與意願。

接獲企業HR發出的測評連結，求職者須依時完成（工程師需進行程式撰寫的測試）。

企業HR或用人主管進行電話面談的目的是避免找錯人才，浪費彼此的時間，藉由電話初步研討，確保求職者符合企業招募人才的需求。

此外，數位工具普及，新冠疫情期間常用的線上面談及AI面試，已開始大量運用在招募作業中，對於求職者而言，是機會也是挑戰。

「104職場力」提出視訊面試的7個檢核項目，供大家參考：

⑴ 提前30分鐘登入系統，避免臨時出狀況，也給HR及面試主管留下好印象。

⑵ 檢查網路順暢度，可先與朋友連線測試（teams／Zoom／meet）視訊系統，確認網速及品質，同時關閉Line、Messenger、FB等會跳出通知訊息的軟體，避免干擾面試。

⑶ 選擇安靜且明亮的環境，背景畫面單純，切忌背光。

⑷ 整理服儀，穿著全套服裝，以因應可能的狀況。

⑸ 提示備忘的小抄，置於鏡頭下方，與面試官保持自然的眼神交流。

⑹ 不要盯著螢幕看，要從容面對鏡頭說話。

⑺ 保持冷靜、臨危不亂，遇突發狀況要沉著冷靜、不慌亂。

根據上班族的面試經驗，「面對面」進行溝通，有助雙方拉近關係、交流情感、建立互動關係，建議大家盡量爭取採用實體面談。

4. 掌握面談機會，磨練臨場經驗

　　求職者找工作，通常會應聘多家公司；甚至新鮮人謀職，投遞數百封履歷的大有人在，如果有多個面試邀約，千萬別輕言放棄，這是磨練臨場經驗的好機會；每場面談結束，應立即回顧面試官的問題及檢討自己的表現；藉由不斷優化、精進應對技巧，能讓你的下一場面談更加得心應手。

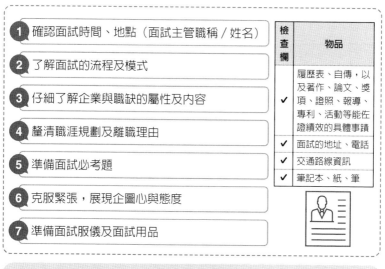

檢查欄	物品
✓	履歷表、自傳，以及著作、論文、獎項、證照、報導、專利、活動等能在證績效的具體事蹟
✓	面試的地址、電話
✓	交通路線資訊
✓	筆記本、紙、筆

1 確認面試時間、地點（面試主管職稱／姓名）
2 了解面試的流程及模式
3 仔細了解企業與職缺的屬性及內容
4 釐清職涯規劃及離職理由
5 準備面試必考題
6 克服緊張，展現企圖心與態度
7 準備面試服儀及面試用品

面試前的準備

5. 求職面試常被提問的問題

求職面試常被提問的**10個問題（基礎題）**

項次	問題類別	提問內容
1	自我介紹	＊請做3分鐘自我介紹（新鮮人必問）。
2	對應聘公司及職務的理解	＊請說明一下你對公司的了解及應聘工作的內容？ ＊為什麼對於我們公司及這個職務有興趣？
3	學／經歷及工作內容	＊請說明求學過程與學習表現。 ＊請說明曾待過的公司及從事的工作項目與內容。 ＊針對新鮮人，會詢問社團、打工及實習經驗。
4	專業與能力績效表現及成敗經驗	＊簡介曾經從事工作的專業技能與經驗。 ＊說明工作中的具體成就及成功、失敗案例。 ＊工作過程得到哪些收穫與啟示？
5	離職原因	＊說明離開公司的原因。 ＊任職時間研討（任職未滿兩年，會被質疑穩定性不佳）。 ＊工作銜接如有斷點，需有合理解釋。
6	工作轉換的原因（產業與職務）	＊針對工作經歷，探討轉換工作的原因與抉擇（轉換不同產業，須有合理的論述）。
7	優缺點、休閒興趣	＊說明（自己認為及他人回饋）優缺點。 ＊下班後的休閒活動與嗜好。
8	薪資議題	＊詢問目前工作的薪酬（結構）與希望待遇。
9	可到職時間	＊如果獲得聘用，何時能到職？
10	有沒有問題要提出來	＊事前準備至少3個問題。

求職面試常被提問的10個問題（進階題）

項次	問題類別	提問內容
1	工作自信與能力驗證	＊為何公司要錄取你？
2	工作績效與成果	＊你能夠為公司提供什麼貢獻？
	工作情境題	＊如果業績落後，怎麼辦？ ＊客戶無理刁難，如何處理？ ＊主管不同意你的意見，怎麼辦？ ＊如何與難溝通的同事相處？
3	管理模式與風格	＊期待主管的管理方式。
4	外派意願	＊有意願出差／外派嗎？
5	增強專業與終身學習	＊是否有進修計畫？（目的、主題、時間、方法）
6	工時與加班	＊可以加班嗎？對加班的看法？
7	工作韌性及挫折忍受	＊遇到挫折如何調適？ ＊如何克服壓力？抒壓的方法？
8	任職意願	＊有應聘其他的工作嗎？ ＊錄取一定會來嗎？
9	工作穩定性	＊這份工作準備做多久？
10	職涯規劃	＊未來（3～5年）的職涯規劃與發展。

職能的展現＝具體的行為事例

回答具體行為事例：

Condition（當時的情況為何？）

Action（做了什麼？）

Result（採取行動後的結果為何？）

企業面試方法——面試應答法

6. 如何準備自我介紹

不論是職場新鮮人或是有經驗的上班族，面試時的自我介紹是非常基本的橋段，短短1至3鐘的自我簡介，是錄取的關鍵，如何做好自我介紹，先聲奪人，取得面試勝基？以下內容，提供大家準備的參考。

面試自我介紹的準備重點

項次	自我介紹的項目	內容重點
1	謝謝有面談機會	謝謝公司給我面談的機會。
2	簡介個人資訊——學校及成績	我是×××，臺北人，畢業於××大學××系，在校學習表現為全班第×名（全班前×%）（可以強調特殊的學習表現，如獲獎紀錄及成就事蹟）。
3	簡介個人資訊——經歷	我曾經任職的公司、服務時間、工作內容、工作重要績效表現及心得（這是面試官最關注的內容，要配合應職的職務來說明；新鮮人可以說明社團及實習、打工經驗）。
4	個人的能力與優勢	我的專業能力及個人優勢（需聚焦應徵的公司與職務特性，以符合企業用人需求）。
5	興趣與嗜好	言簡意賅的說明（可以讓面試官了解工作以外的你，平衡面試的嚴肅氣氛，增加互動性與好感度）。
6	表達任職意願	很開心能到貴公司參加面試，也期待有機會進入公司服務。

面試的自我介紹時間，大約只有1～3分鐘，所以必須將內容撰寫成書面稿件，透過練習，才能從容、自然的表達；此外，自我介紹要站在公司及用人主管的角度來思考，才能符合需求。

具豐富經驗的求職者，可以配合公司的要求製作簡報，說明的內容就更爲完整，時間也可以拉長到10～15分鐘。

7. 面試如何問出好問題

面試結束前，面試官會客氣的詢問人選：「有什麼問題？」求職者除了針對雙方研討的內容提問之外，必須事前準備至少3個問題，建議提出與工作及達成績效相關的問題爲佳，例如：

⑴ 若能獲得錄取，應該事先完成什麼準備工作？

⑵ 如果進入公司，應該如何盡快進入工作節奏？

⑶ 以您的經驗，新人成功的因素是什麼？

當然，結束面談前也可以客氣詢問面試的後續流程，何時能確知（是否錄取）結果。

求職者提出關鍵好問題，一方面能讓面試官感受積極態度及對工作的熱忱，千萬別說：「沒有問題」，這會讓面試主管解讀爲沒有準備或對工作意願薄弱。

8. 薪水怎麼談？

薪水是上班族最關心的議題，然而在面試時談判薪資，求職者總會覺得尷尬敏感、難以啓齒；如果沒有事前做足功課，開低了讓自己吃虧，若是開得過高，也會給人有漫天喊價、獅子大開口、吃米不知道米價的觀感。

解析談判薪資的具體準備作業與注意事項，期待大家都能在新工作談出好薪資。

談判薪資的準備作業與注意事項

階段	準備工作	內容說明
事前準備	了解薪資行情	*以目前的薪資為基礎，考量工作年資、學經歷、業界行情及新工作的內容與績效要求，設定一個期望的薪資待遇。 *可查詢薪資調查報告或透過人脈諮詢薪資行情。 *每家公司的薪資結構均不同，建議以全年可領受的年薪為計算標準（確定固定薪資及變動獎金的金額及占比）。
設定薪資區間	設定薪資的彈性區間	*保留薪資溝通的彈性區間（約10～15%），有助彼此協商。 *大型上市公司預設彈性區間約為1萬元（例如：5～6萬），中小企業區間約為5千元（例如：5～5.5萬）。
薪資結構	職務屬性影響薪資架構	*一般企業的薪酬組合比例如下： 業務職：固定薪與變動薪約為5：5／6：4 行政與非業務職8：2／9：1 *大型公司分紅約等於年薪，月薪不是很重要（研發、製造或專案工作的獎金與紅利，可能占年薪很高的比例）。 *了解每年平均調薪的比率。
核薪權責	薪資談判的對象	*留意面試官是否有權決定薪資。
薪資談判	薪資談判的內容與注意事項	*通膨嚴重，轉職以增加10～20%薪水為談判基準。 *試用期滿是否調薪（金額及考核標準）。 *如為業務職，了解業績獎金計算及核發方式。 *年終與年節獎金（年終獎金以1～2個月最多；另一般公司中秋、端午兩大節日會核發數千元至半個月月薪的獎金）。 *派駐海外，以稅後實領薪資為主（如有調回臺灣的機會，應事前約定薪資調整金額）。 *大型企業對於新鮮人有固定的核薪標準，因此應屆畢業生只需表達「按公司規定」即可。 *若應聘中小型企業，不論是職場老鳥或是新鮮人要勇敢開價，以免談了半天，薪資與期待落差太大，白忙一場。

階段	準備工作	內容說明
與薪資相關的評估因素	談判薪資的其他考量因素	*企業規模、營運狀況、口碑、福利、學習資源、環境與交通、未來發展，都要納入整體的考量。
臨場觀察	公司需求人力的急迫程度	*研判需解決問題的難度及人才需求急切度，作為要求薪資的參考；具有即戰力的關鍵人才，可以得到較高的薪資待遇。 *切忌漫天喊價，謹記「領得久比領得多」重要。
事後處理	協調差異	*如果公司表達錄用意願，但在核薪上有落差，若差距不大，可納入考慮，不要當場拒絕。 *若是薪資差異太大，建議直接委婉拒絕。 *如果應允薪資，事後反悔，不論是企業或是人選，出爾反爾都會造成爭議與負評。

評估合理的期望薪資

對「業界行情」先有基本概念，再思考自己的能力及可接受的薪資範圍

調查此行業平均的薪資水準

調查該公司的所在地區、所屬行業、公司規模及競爭力

薪資談判的3點考量

16-8　參加面試，該做的事還有哪些？

1. 取得面試官及HR的名片

參加企業面試，記得拿到招募HR及面談主管的名片，一方面了解面談官的資訊，另外，也為發送感謝信及追蹤後續作業做準備。

2. 面談後的感謝信撰寫

面試後，在3天內向邀約面試的HR及面談主管發送感謝信，是求職應有的禮儀；如果求職者對於應聘工作有興趣，或是雙方情投意合，一封文情並茂的感謝信，更可以發揮助攻的效果。

曾有求職者未獲得錄取，但在感謝函中表達投入組織的積極意願與企圖心，企業將他列入備位人選，最終順利進入心儀公司任職的案例。好工作是爭取來的，不是等來的，展現旺盛企圖心，會為你帶來意外的好運！

3. 協助資歷查核（reference check）作業

「請神容易，送神難」，企業深怕找錯人才，因此會運用資歷查核（Reference Check）把關錄用決策，HR會請人選提供至少兩位（非現職）公司的主管，並致電詢問工作狀況、績效表現及工作態度，以下將招募人員洽詢的問題，提供讀者參考。

企業執行Reference Check問題，分類整理如下：

受訪者與人選的關係	
1	與人選共事的公司？（公司名稱／規模／產品或服務）	
2	與人選的關係？相處時間多久？（主管／同儕／專案合作／其他）	

人選的工作狀況與成果	
1	人選任職時間？職務及職掌，負責的任務／專案，承辦及投入的時間？扮演的角色？	
2	重要的工作成敗事蹟及具體成就？	

肯定與榮譽	
1	獲獎／晉升紀錄。	
2	著作／專利／媒體報導／社群肯定。	

離職原因	
1	人選離職的理由與原因；離職時的薪資。	

個性與特質	
1	人選的工作態度與處事／溝通模式。	
2	人選的人際關係。	
3	人選的領導管理風格及部屬評價。	
4	人選的向上管理能力與跨部門互動模式。	
5	工作與態度上的優點與缺點，有何需改進的建議。	
6	工作的潛力與發展性。	

其他	
1	對於新職的符合度看法與意見。	
2	未來有機會，是否仍願意與人選共事，為什麼？	
3	其他可回饋的意見與想法。	
4	如有需求，可否提供其他的受訪者，接受諮詢。	

結束詢問及感謝協助	

16-9 如何評估錄取機會？

面談後，求職者最關心的問題就是：「會不會被錄取？」

企業希望找到物超所值、有潛力的人才；上班族也待價而沽，期待找著好東家。

如何判斷錄取的成功勝率，求職者可就以下關鍵因素做出評估。

面試官是否用心看過履歷表？

面談時間長短（不低於60分鐘），面試官是否認真？

面試官是否有決定權？

是否問到：可報到時間？

薪資的符合度？

是否得到口頭錄用承諾？

面試官是否詢問：目前還有在面談其他的工作嗎？

主動介紹同仁及參觀公司。

安排下次面試時間。

JOB OFFER

提及未來工作的內容與注意事項。

頻頻談到你適合這份工作。

評估「錄取機會」自我檢核內容

16-10　取得書面錄取通知（offer letter）再離職

過關斬將通過面試的考驗，被企業錄用，終於可以放下忐忑不安的心情，享受謀職成功的成就感；取得書面的offer letter並完成簽回（錄取信簽回有效時間，一般為7天），即確認雙方的合作權益。

在職中的上班族，沒有接獲書面的錄取通知，如果貿然離職，可能發生進退維谷的窘況，請特別注意。

企業核發的聘僱通知或稱錄取通知（offer letter），會載明下列事項：

⑴ 任職公司及工作職稱（職等職級）。

⑵ 報到時間。

⑶ 需繳交的資料（身分證、學歷證書、離職證明、退保單、體檢報告、銀行開戶存摺等）。

⑷ 工作地點。

⑸ 工作職掌、隸屬部門、直屬主管、管轄幅度、橫向部門關係。

⑹ 薪酬與福利（月薪／獎金／津貼／紅利／年終／年薪／股票）。

⑺ 工作時間與假勤規定。

⑻ 其他註記及約定事項。

許多中小企業會使用簡略E-mail或口頭通知方式錄用求職

者，這也衍生了許多的爭議事件，例如：企業片面取消聘任決定，或是到職後發生薪酬與權益認知不同的糾紛。

上班族求／轉職是一段辛苦的過程，大家除了要爭取工作機會，也要保障自己應有的權益！

16-11　新鮮人求職如何旗開得勝？

依主計處調查顯示，臺灣18～24歲年輕人的失業率長年維持在12%左右，約為總體失業率（3%）的4倍；若按教育程度觀察，失業率最高為大學以上的年輕人，學歷愈高，失業率愈高，如果不能有效解決，將對社會造成負面的影響。

許多的社會新鮮人，由於不了解企業招募的選才標準，在求職的道路上屢遭挫折！

對於初入職場的新鮮人來說，企業如何篩選新鮮人，新鮮人又該如何把握機會、打贏職場的第一仗，以下謹將企業評選新鮮人的10項重點分述如下，提供年輕世代參考，以利做好準備，開拓自己的職涯契機。

1. 3秒鐘過濾學校與科系

面對大量求職履歷，企業人資人員，對新鮮人設下的第一道門檻，就是學校與科系。

企業評估自身的產業、規模及特性，選擇合適的畢業生，初篩履歷的第一步就是根據學校與科系來過濾，除了遴選適宜學校

的學生，也會依職務所需，聘用學士或碩士學歷的新鮮人。

至於新鮮人的科系，除非招聘業務職類或第一線人員，如房仲、理專、客服人員外，大部分的專業職缺，均會以相關科系的新鮮人為主，例如：人資人員以人力資源、心理、企管系所為主；工程師須為電子、電機、資工、資管具程式寫作能力的畢業生；媒體／公關／行銷工作找新聞、廣告、語文等系所學生；財會工作以會計、金融、財經系所優先。

剛出校門的新鮮人，如果要以修習的科系，作為找第一份工作的依據，可以參考學長／姐的謀職經驗。

2. 提供詳實、有競爭力的履歷表

104人力銀行曾邀請人資主管評價新鮮人的履歷，得到的結果是「不及格」，許多新鮮人的履歷辭不達意、錯字連篇、沒有重點。

此外，新鮮人的自傳，只草率的寫了兩、三行，這樣的應徵履歷，不僅不尊重自己，也不尊重企業，下場往往是被人資人員刪除或投入碎紙機；因此，用心製作一份「有競爭力」的履歷表（符合企業招募條件，展現強烈任職意願），是求職的第一步。

3. 面談要能展現專業與企圖心

面試是求職的重要關鍵，公司面談人選的主要目的是驗證求職者「能做」── 有工作的專業知識與經驗，且「願意

做」——具工作的意願與企圖心；在參加面談前一定要做好功課，蒐集企業的背景、產品與營運狀況。在3分鐘自我介紹中，展現自信心與專業能力，最重要的是投入工作的熱忱與意願。

新鮮人是一張白紙，所有應徵者都站在求職的起跑線，如果學歷背景相仿，企業會將工作機會提供給積極爭取的有心人。

新鮮人對於謀職面試感到惶恐不安，解決的方法只有一個，就是不斷的演練。

4. 工作內容比薪酬重要

初入職場的大學畢業生，薪酬約在3、4萬元間；然而，工作能否習得專業卻比薪水重要，因為「年輕人要先以體力換經驗，未來才能用經驗換金錢」。

10年後你能不能跨入百萬年薪俱樂部，決定的不是初入職場的薪酬比別人高幾千元，而是有沒有具備淬鍊專業，比別人強的工作能力。

企業尋求有潛力的新鮮人，如果你願意承擔困難的挑戰，絕對是企業急欲延攬的千里馬！

5. 穩定性是企業最重視的元素

企業任用新鮮人，必須在前3至6個月投入極高的訓練成本，如果企業嗅到任何不穩定的徵兆，所有公司都不會錄用你，以免投入的培訓成本，落得血本無歸的下場。

這些不穩定的特質包括職涯方向不明確、自信心不足、好高騖遠、不誠實等。

新鮮人的第一份工作，應抱定至少工作3年的打算，除了為自己打下穩固的專業基礎外，也是對企業負責任的表現；「穩定性」是公司錄用新鮮人的重要指標，也是考驗應屆畢業生能否適應職場生活的衡量標準。

6. 溝通表達與團隊互動能力

企業重視團隊合作與人際關係，學生時期有社團、打工經驗的新鮮人，比只會念書的學生有優勢；在校期間如能擔任社團、班級幹部，培養組織團隊、領導管理、籌辦活動的經驗，或是實習、工讀得到企業肯定與表揚，這些成功的故事，讓企業印象深刻、增加好感度。

溝通協調及團隊互動能力，是企業徵聘新鮮人，審查人選的重要條件；尤其許多公司培養企業明日之星的「儲備幹部」，人際溝通能力更是核心能力。

7. 成功故事是創造績效的保證

企業會檢視新鮮人的發展潛力，如果學生時代有成功的故事，例如：學習成就、社團經驗、產學合作、實習打工等經歷，都是企業審酌年輕人的重要參考事項；具備成就動機、高績效特質的人才，是企業急欲延攬的對象。

年輕上班族要有積極進取的精神，「在競爭的舞臺上，每位職場尖兵都是拚勁十足的野狼，如果你想要與狼共舞，你就要成為狼，如果你是羊，只有被吃掉的分」。

8. 自我管理的能力

現在大學生的自我管理能力薄弱，很難適應重視速度與效率的公司組織。

企業會錄用自律能力好的新鮮人，透過學生時期的學習成果、生活安排及興趣與嗜好，甚至體態／體力的鍛鍊、服儀裝扮等，都可以觀察人選是否具備自律能力。

步出校門的新鮮人，要終結學生時代的隨性與散漫，必須上緊發條、加強自我管理的能力，因為從現在開始，你的未來完全由自己決定！

9. 住得近有優勢

人資人員經常處理員工因「交通問題」而離職的案例，尤其是新鮮人，因為薪酬不高且適應環境、忍受挫折的能力較低，工作穩定性不高。

如果有相仿條件的新鮮人可供選擇，企業偏重錄用居住地點距公司較近者，除了因應工作需要的加班之外，也考量新鮮人薪資有限，無法支應交通所耗費的時間與金錢。

如果沒有傲人的學經歷，而欲應徵距居住地較遠的公司，除非表明遷居或租屋的意願，否則投出的履歷，很可能會石沉大海。

10. 語文能力與接受外派為求職加分

國際化潮流帶動企業的全球布局，有外語能力及國際移動力的新鮮人，是職場上不可多得的人才；在「世界是平的」的趨勢下，新鮮人擴大視野接軌國際舞臺，是職涯中無法迴避的挑戰！

新鮮人如果能留意上述10個找工作的重點，一定能在求職之路旗開得勝。

新鮮人離開校園的舒適圈，面對3、40年嚴峻的職涯挑戰，第一步是起點也是試煉；職場上後浪與前浪相互衝撞，只會激起更劇烈的競爭浪花，棒子交到年輕人手上，目標就在前方，就看自己怎麼跑！

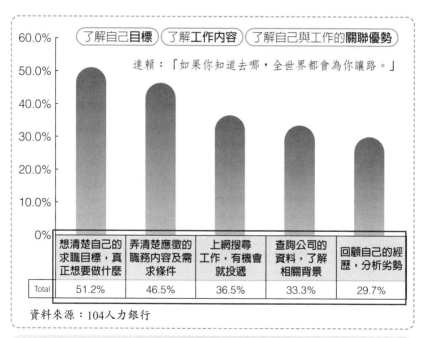

新鮮人找到工作的成功關鍵

16-12　上班族轉職，7個撇步助你一臂之力

．．

　　找工作的過程有多辛苦，上班族朋友們一定是「寒天飲冰水，點滴在心頭」；箇中甘苦，冷暖自知！

　　以下分享如何找到好工作的7個方法，提供有意轉職的上班族朋友參考。

1. 破解職缺密碼

　　依據人力銀行的分析，用行動裝置投遞履歷的數量，已達到應徵行為的70%，由於手機的普及，求職者未經深思熟慮，輕率投出履歷的人不在少數。

　　企業HR對於無效履歷頗為困擾，這些不符條件的求職者，自然也無法得到面試的機會。

　　要找到好工作，首先要仔細研讀職缺的內容，同時審慎衡量本身的資歷與能力，才能有效踏出謀職的第一步。

　　若能夠藉由人脈，探詢工作的內涵及詳細的需求條件，更能贏在起跑點！

2. 量身訂做的履歷表

　　上班族老鳥都知道履歷表必須「量身訂做」、「投其所好」，才能在眾多競爭者中出線；但是，仍然有9成的求職者，以「公版」履歷應徵所有的工作；除非你的經歷與專業傲視群

倫，否則還是好好的針對心儀企業，打造一份能與企業溝通的履歷。

提供履歷是爲了爭取面試機會，先闖過HR這一關，才有機會進到面試的階段。

亮眼的績效最能吸引企業的目光，成功故事加上彪炳戰功，是求職／轉職的開路先鋒！

值得提醒的是，洋洋灑灑的精彩事蹟，必須對焦公司與職缺的需求，否則履歷表難逃碎紙的命運。

3. 多管道爭取面試機會

爭取面試機會的方法很多，投遞履歷只是其中一個最普遍的管道，透過親友引薦、內推或是自我推薦，都能藉由主動積極的態度，取得與企業溝通的機會。

在社群普及的時代，要接觸HR及用人主管的方法很多，如果單靠傳統投遞履歷的方法，可能會與「好工作」失之交臂。

投出履歷後，若未獲企業回應，可以禮貌的詢問原因，並表達工作的意願與企圖，往往有機會突破謀職的瓶頸，轉敗爲勝！

4. 以導演的視角看面試

求職者參加面試，要把自己當成一位好演員，秉持「兵來將擋，水來土掩」的精神，備好劇本，迎接企業面試的挑戰。

站在導演的視角，模擬及檢視面試官與求職者的應對與攻

防；這樣的實境演練，能夠勾勒與企業互動的好劇本，充分因應各種狀況。

面試要做好萬全的準備，思考可能的提問，備妥應答的內容，同時審酌企業用人的思維，拉高視角，才能過關斬將，贏得工作機會。

5. 直搗黃龍，提供解決方案

企業招募人才，往往都是為了解決問題或創造績效。

因此，求職者如果能夠洞悉問題的核心，提出具體的解決方案，通常能夠引發企業HR及用人主管的認同，也會增加求職的勝算。

面談時所能掌握的訊息有限，因此，求職者必須審慎回答問題，保留彈性及空間，不宜將自己的經驗完全複製貼上，以免過於武斷，失之偏頗。

此外，經常發生人選提出前公司的機密資料，以佐證自己的專業事蹟；這樣的舉措，非但無助展現優勢，還會被貼上「不誠信」的標籤！

6. 聽出關鍵的弦外之音

用心的求職者，很容易從企業刊登的職缺條件及面談過程，理出招聘人才的關鍵因素；一般而言，面試主管一再強調及再三驗證的項目，就是重點中的重點，只要洞悉這個核心要點，依照「知識技能」、「經驗案例」與「工作企圖」3個層次，結構性的說明，就能符合企業的需求。

舉個簡單的例子：面試時，主管不斷的強調工作需要頻繁加班，求職者只要能具體回覆有意願，也樂於配合公司，並舉出加班的實例與經驗，就能降低企業的疑慮與憂心，獲得錄用的機會將大幅增加。

7. 重視細節，別敗在枝微末節的小事

　　企業HR及用人主管，由於身經百戰，有豐富的招募經驗，除了重視與求職者溝通互動的內容與過程之外，更會關注許多肢體語言及服儀態度等小細節；曾有求職者因為面試遲到、襯衫不平整、指甲不乾淨、鬍鬚未刮，被列為不錄用的原因。

　　然而，也有求職者在面試時展現貼心及誠懇有禮的應對進退態度，得到高度的評價。

　　不論是新鮮人或是資深上班族，讓面試官留下美好的第一印象，往往能夠贏在起跑點，為面試加分。

　　謀職／轉職是每位上班族的必經過程，努力強化自己的求職技巧，能在轉職過程中趨吉避凶，順利找到好頭路。

✔ 務必把自己從頭到腳打理好，**建立好的第一印象**

✔ 流暢的**表達能力**

✔ **具體事例**，證明自己的素質與能力

✔ 態度**從容自信**

✔ 感動人心的**應徵動機**

✔ 表達**積極爭取**任職的意願

面試成功的關鍵

省思與研討

1. 設定應徵職務，撰寫「量身訂做」的履歷表（含自傳）。
2. 以表格整理及製作面試的詢答內容，並演練（模擬面試）。
3. 請盤點自己的硬技能與軟實力，並以書面表格整理。

企業招募留才篇

企業求才／留才經典語錄

.... ○ ....

宏碁集團創辦人施振榮

低薪找不到好人才！

管理大師湯姆‧畢德士（Tom Peters）

人才經營，是一天25小時、一個禮拜8天、一年53星期都要做的工作。

美國鋼鐵大王安德魯‧卡內基（Andrew Carnegie）

找出比自己更有才幹的人，將重責大任交給他們，這才是我們該掌握的能力。

聯想集團創辦人柳傳志

人才是利潤最高的商品，能夠經營好人才的企業，才是最終的大贏家。

阿里巴巴創辦人馬雲

要想辦法找到在公司內部能夠超過你的人；在公司內部找到能夠超過你自己的人，這就是你發現人才的辦法。

17-1 企業如何延攬人才加入團隊？

臺灣出現人才供需失衡的缺口，企業面臨「無才可用」的窘境，企業經營者及主管的憂心是：「沒有足夠的好手，來推動工作！」

企業經營者最重要的兩項任務；一個是「定方向」，第二就是「找人才」。

如何在爭搶人才的殺戮戰場，延攬人才進入團隊，以下觀察與建議，供讀者參考：

⑴ 薪酬福利必須達到業界的P75以上，否則不具競爭優勢。

⑵ 規劃招聘人才的資格條件，合理訂定組織要求的任務。

⑶ 增加人才來源的管道，例如：專業社群、人脈引薦、獵才商模等。

⑷ 人才難覓，由高階主管或經營者親自擔綱第一次面談，展現誠意。

⑸ 至少與面試者溝通兩次以上，讓彼此深入了解，審慎抉擇。

⑹ 清楚溝通工作職掌、欲解決的問題及希望達成的績效指標。

⑺ 提供親臨現場或參與會議的機會，以增加工作的理解度與臨場感。

⑻ 善用資歷查核（reference check），以驗證人才能力與特質。

⑼ 遇到不可多得的人才，加速錄用的作業流程。

⑽ 跨界的時代，企業選才要突破同業的迷思。

17-2　企業不要因為「找錯人」而受挫

很多經營者或是主管，會因為招募的人才不符預期，或是試用失敗，就裹足不前，放緩了招募作業的腳步。

競爭「願景」與競爭「人才」是現代企業的兩個重要挑戰，願景與使命考驗經營的視野與企圖心；在人才極度稀缺的時代，要有效延攬人才，靠的是不斷持續改善留才環境，不停的透過各種渠道接觸合適人選，全力邀請關鍵人才進入組織。

只要經營者全力支持，招募團隊持之以恆，一定能引進優秀戰將，提升企業的競爭優勢。

17-3　如何降低「看錯人」的風險？

104人力銀行曾經做過一項調查，分析企業錄取的人選，是否順利通過試用期，這項調查探討企業面試認知與錄用者試用表現的差距。

統計受訪企業的回饋問卷，得到以下的結論：

10%的僱用企業認為——所僱用的人選，比面試時的認知更優秀。

20%的僱用企業認為——錄取者的表現和面試呈現狀態相仿。

70%的僱用企業認為——人選報到後的實際表現，比面試時的預期為差。

從這個調查結果得知，招募面談存在很大的誤判風險！企業HR一定有過這樣的經驗：在面試時說重視出勤的人，到職後可能遲到早退；標榜正面思考的人選，卻是組織裡的八卦王；強調忍受挫折是優點，可能凡事批評抱怨。

為了驗證求職者的人格特質與工作能力，企業紛紛採用測評工具與徵信調查，與面試作業相互佐證，但是看錯人的風險依舊很高。

以下提供幾個方法，供大家參考，在招募選才作業上，避免找「錯」人。

1. 與求職者多談幾次

一般而言，招募面談的次數，約在2～3次，為什麼要視職缺，適度拉長面談的節奏？

因為，有經驗的求職者，通常都是有備而來；第一次面談，除了學經歷之外，人格特質、個性及價值觀，通常不易研判；所以增加面談次數，有助觀察確認。

許多企業招募主管及關鍵人才，會安排在公司外的餐廳或咖啡館面談，在放鬆心情的情況下，更容易判讀人選的個性及特質。

2. 善用STAR面談法

　　根據情境（situation）、任務（task）、行動（action）、結果（result）的結構式面談方法，來檢視及驗證求職者是否符合應徵的職務，同時也可以洞悉工作態度與處事的原則；在面談法的運用上，善用情境個案，可以增進甄選的信度與效度。

非結構性面談

▶ 讓求職者對工作經驗、生涯規劃及個人優缺點自由表述。

▶ 面談的信度較低。

結構性面談

▶ 面談前先擬訂與工作及任職相關的問題，同時設定回答的評分標準，作為錄用與否的依據。

▶ 較能理性評估求職者的合適程度。

亦可採取折衷的半結構性面談方式。

面談的方法

3. 安排人選進行簡報

　　對應聘主管及專業職務的面試者，設定主題做簡報，是企業常用的方法。

對於符合基本條件的人選，由HR安排相關人員參與簡報會議，一方面溝通研討，同時也藉由大家的集體觀察，審慎評估人選的錄用決策。

3. 資歷查核（reference check）

企業用人愈來愈嚴謹，即使運用測評工具及面試的方法，最後仍會請求職者提供2～3位曾經共事的主管、客戶或同事來進行查核訪談。

面談是招募作業最關鍵的程序，也是確保人才符合企業所需的重要關卡，考驗著HR及用人主管的識人能力！

企業與求職者若能藉由雙方的嚴謹作業，增進彼此的了解，將有助後續的合作抉擇。

1 學經歷與專業	2 工作意願	3 價值觀	4 具體績效
5 教導傳承	6 溝通互動	7 責任心	8 體能狀況
9 穩定性	10 誠信操守		

企業遴選人才的10大重點

17-4 企業「有錢找不到人」的7個原因

招募人員與老闆研討「解決員工離職與職缺待補」的狀況，許多老闆霸氣的說：「有錢，不怕找不到人」，這樣的場景，大家肯定不會陌生。

臺灣長期以來薪資負成長，求職是買方市場；上班族要找一份好工作、穩定發展、安身立命，十分不易。因此，多數用人主管及經營者，仍然存在「有錢能使鬼推磨」的傳統觀念。

然而，時代不一樣了，104人力銀行的調查報告顯示，面對轉職潮，若是企業沒有祭出10%以上的薪資調幅，人才招聘作業，可能等到「天荒地老，海枯石爛」，都不會有人才上門！

為什麼「有錢，也找不到人」？以下觀察，提供讀者參考。

1. 理工人才供需失衡，有錢沒人可推磨

位居產業龍頭的半導產業，人力需求上看3萬人；大型科技製造業、金融業的人才招募，都是千人起跳，在這些職缺中，有很大的比例是學有專精的工程師或是跨領域人才。

全球晶片大戰，加上電動車、5G、AI、元宇宙及不斷加速的數位化趨勢，使得工程師供給不足；國立大學的碩／博士新鮮人，年薪直逼200萬元；私立科大畢業生及高職生，都成為企業爭搶的對象。

理工人才身價水漲船高，在大廠壟斷性的優勢下，臺灣中小企業在營運規模、企業前景及公司環境與薪酬福利上，難以

匹敵；此外，傳統代工型產業及獲利能力差的企業，也不受科技人才的青睞，各行各業爭搶工程師，導致研發人才「愈來愈難找」！

2. 新生代上班族，重視工作地點、組織成員及環境設施

26歲的小劉要轉職，投遞履歷前，他先用Google網站搜尋公司地址，不在捷運旁，一律不考慮；如果公司大樓的外觀及辦公環境不吸引人，也不列為選項；此外，公司的團體活動照，如果都是大叔、大嬸，小劉覺得世代落差大，溝通交流困難，沒有年輕朝氣，也不想去！

現在年輕人找工作，在多元價值觀的衝擊下，「金錢」不再是首要考量的因素。

3. 彈性工時，在家上班，人性化管理是攬才、留才的有效措施

104人力銀行在企業刊登職缺的「徵才條件」上，增加「在家工作」的選項，受到廣大求職者的歡迎！

遠距上班、在家工作的「混合辦公模式」已是時勢所趨；哈佛商學院教授暨遠距工作的專家喬杜里（Prithwiraj Choudhury）說：「10年內辦公室應該只會剩一種用途：用來與同事共享寶貴時光！」

「遠距」與「在家工作」雖有缺點，但在人員招募、工作彈性、員工生產力與降低企業營運成本上，有許多的優勢；企業如能做好配套方案，長期而言，能夠創造勞資雙贏的局面。

彈性工作、人性化的出勤制度，已成為比薪水更重要的工作條件，企業如果跟不上潮流，招募人才的挑戰，只會愈來愈嚴峻。

4. 拿回工作主導權，工作與生活平衡

歐美上班族在新冠疫情後，並不急於返回工作崗位，反而興起一股「取回工作主導權」的省思；人們認為工作不是人生的全部，不再一味追逐朝九晚五的職涯，大家體認到，生命有多元發展的可能性及更高層次的意義！

新一代的工作者不再像傳統上班族，先付出40年的辛勤努力，再來享受退休生活，而是將工作與退休的理想，在現在進行式中規劃實現。

歐美指標性公司如Google及微軟，已規劃執行這種新的職場模式與情境，讓優秀又有想法的人才能投入組織陣容。

5.「網紅、外送、獨立工作者」自由又有錢賺

自由風潮普及，年輕人不喜歡受到組織約束，也不想看老闆的臉色；因此，大量的上班族兼差或專職投入Uber計程車及外送的行列，雖然東奔西跑很辛苦，但是自己做自己的老闆，不受企業規範與主管驅使，頗能擄獲新世代年輕人的心。

此外，低薪加上高通膨，年輕人將YouTuber、創業視為職志，一臺筆電連上網路，就可以成就事業；年輕人對傳統的工作型態，興趣缺缺。

6. 投資獲利，比薪水賺得多

資金狂潮，推升全球投資市場；臺灣證交所統計，近年新開戶數增加數10萬人，主要集中在20至40歲的年輕人與上班族。

年輕人靠微薄的薪水，永遠買不起房，也不敢結婚生子；投資理財成為所有上班族期望財富自由的重要選項，期待有朝一日，不再仰人鼻息、受僱於人。

這樣的趨勢，將會影響人才市場的供需與動能。

7. 網路負評的殺傷力

許多企業實施心照不宣的「責任制」，未能合理支付員工加班費，這顯然不被新世代上班族接受；他們認為企業「吃人夠夠」、「投入與所得不成比例」；此外，企業招募流程鬆散、面試主管不尊重求職者、薪資低於行情、沒有新人培訓、員工離職率高，這些甚囂塵上的網路負評，都會成為求職者找工作的重要參考資訊。

千萬別小看這些面試者的經驗分享，因為求職者在投遞履歷前，一定會上網搜尋企業的營運狀況，更不會漏掉曾經應徵、參與面試者的體驗與心得。

企業負評過多，會形成排山倒海的巨大聲浪，抑制人選遞送履歷的意願，甚至將企業列為拒絕往來戶，將嚴重打擊公司的招募成效！

「有錢也找不到人」的時代來臨了，企業要招募優秀新血，必須體會人才市場的質變，才能吸引人才投入懷抱。

17-5　人才拒絕企業的10大理由

　　想轉職的上班族那麼多，為什麼公司還是找不到人？企業覺得很困惑。

　　甚至很多面談到最後階段的人選，會拒絕公司的聘任，究竟現在的就業市場是買方市場，還是賣方市場？

　　對於「含金量高」的人才而言，景氣榮枯不會影響轉職的競爭力，因為企業急欲轉型升級，優質人才炙手可熱。

　　千里馬人人愛，但好人才也會慎選舞臺、擇木而棲；以下將人才拒絕組織的原因，簡述如下，供大家參考。

1. 企業營運不佳，人才不愛

　　「不賺錢，是企業最大的罪惡」，尤其一旦企業的產品及技術淪為明日黃花，或是營運遭逢重大挫敗，往往導致人才流失；在這樣的情況下，要招募人才投入組織，更是困難重重。

　　企業經營者最重要的責任就是讓企業維持生機及獲利，才能讓人才的活水不斷湧入。

2. 貶抑人才的企業，被三振出局

　　「公司賺錢就一定可以招募到人才」，這樣的想法也值得商榷。

　　104接受企業委託招募人才的過程中，經常發現許多公司雖然營運狀況不錯，但在招募市場上惡名昭彰，被多數求職者列為拒絕往來戶，這多半與企業主的管理風格及組織文化密切相關。

人才市場及網路上流傳企業不尊重員工、惡言相向、口是心非、管理苛刻等事蹟，都是導致人才不願投入，企業無人可用的窘境。

3. 派系鬥爭是人才的殺戮戰場

企業內部如果派系爭鬥、結黨營私，也會讓人才卻步；企業歷史愈久，人數愈多，愈容易產生派系問題，若是主管只為鞏固權位，循私用人，則企業內耗必然嚴重，不僅組織離心離德，決策因人設事，也會讓人才加速陣亡。

企業應鼓勵的是良性的競爭，如果讓鬥爭成為阻礙人才發展及招募的絆腳石，絕對會危及組織的永續經營。

4. 組織一言堂，好人才留不住

有企圖心的人才，會在短期內倉促離職，經常是企業主違背了面談時的承諾。

老闆在招募面談時經常說：「一定會授權給人才」，然而「授權之說」常常在3個月內就破功，多數老闆白手起家，因此大小事都習慣親力親為，這往往讓人才沒有揮灑的空間。

「老闆、主管說了算」的一言堂現象普遍存在，也是人才難以久任的原因之一。

5. 討價還價，把人才當成商品

在104的招募服務中，企業要求人選提供曾任職企業的薪資證明及扣繳憑單的狀況屢見不鮮。

招募過程了解人選的薪酬，爲核薪把關，是HR必要的作爲；但是如果變調爲不信任求職者，或淪爲薪資殺價的戲碼，往往讓人才有不受尊重的感受，同時也會讓求職者不願與企業互動或是選擇拒絕到職。

臺灣上班族的薪資已16年負成長，如果人才的市場價值不能得到合理尊重，未來好人才可能都得被迫出走海外。

6. 招募作業冗長，人才琵琶別抱

企業處心積慮尋找「對的人才」，所以招募作業十分冗長，尤其是主管的甄選，企業更爲審慎。經常發生人選過關斬將終於得到了聘書，但最後人才還是琵琶別抱，選擇了賞識他的雇主。

因爲眼光精準的老闆會快速、有效率的獵取人才，如果不能及時判斷、掌握人才，與良駒失之交臂的狀況就會發生。

7. 用後即丟，是企業招募的票房毒藥

許多公司的人員陣亡率很高，市場傳言企業主會在6個月到1年內榨乾人才所學，同時無情的逼退人選。

在競爭的環境中，上班族必須隨時充電，創造自己被利用的價值，但是如果組織無法珍惜人力資源，塑造學習環境，只將人才視爲創造短期利益的工具，一定會造成人才斷層，也會失去員工的向心力。

8. 人才不能善終，不滿聲浪將會蔓延

一家上市公司的老闆，每遇人員離職，總會吩咐人事主管，在當月的薪資中加發5,000元給離職員工，甚至對於主管異動，更會予以約見進行離職面談及餐敘，這位董事長的理由很簡單，他認為員工離職，多半是對公司有所不滿，如果藉由多發薪水及約見溝通，減少離職同仁的負面情緒，降低或減少批評公司的言論，就值得了。這比花大錢經營雇主品牌，有效的多。

9. 外行領導內行，人才只是過客

企業引進人才的目的，是帶來新的知識與經驗，然而傳統科層式組織容易造成「官大學問大」或是「倚老賣老」的現象，這在家族企業尤其明顯，如果組織內部家族成員不夠用心，更會造成「外行領導內行」的問題。

這種類型的企業，員工經常是過客，人才不斷來去的結果，會讓組織體質日益衰敗，也會失去成長的契機。

10. 人才留用，老闆要做的比人才多

企業主語重心長的說：「找對人，並留住人才，老闆做的要比人才多。」的確，每家企業有不同的文化，老員工與新進人員或空降主管的相處也需要磨合；如果稍有不慎，好不容易找到的人才，就會因為水土不服或同儕的排擠而陣亡。

上班族的價值觀愈來愈多元，企業要招募及留用人才，不能只靠公司大或是薪水高，珍惜人力資源，設身處地為員工著想，才不會被投下不信任票，甚至被求職者列為拒絕往來戶。

- ✔ 與經營理念、組織目標及發展結合
- ✔ 具有組織需要的專業技能、績效能力
- ✔ 人格特質與發展潛力
- ✔ 「能做」＋「願意做」＝工作意願
- ✔ 接受組織的薪酬與福利
- ✔ 評估市場供需狀況

企業

員工

哪些人才要留住？

- 招募新人的金錢／時間成本
- 人員遞補空窗期，企業損失的生產力
- 代理人員的時間／加班／原有生產力的減損
- 新人的訓練成本
- IT及總務的新人器材成本及行政費用
- 新進人員從新手到工作上手的時間成本
- 離職人員的績效／人脈／知識／技能／經驗
- 新進人員任職失敗的離職風險

企業「流才」代價高

留任人才的8大重點

17-6　做不到這12點，別說你重視人才

　　所有企業都感受到「人才難找」的壓力，為了搶奪人才，企業老闆、用人主管及人力資源部門人員都站在招募第一線，處心積慮的延攬優秀人才；然而，求職者也在觀察及感受公司招募作業的運作與過程。

　　企業容易忽略哪些細節，並造成求職者的反感？人資人員與用人主管必須審慎檢討與因應。

1. 形塑「尊重人才」的第一印象

　　進行面試的前一天，須叮嚀櫃檯的接待人員，清楚告知準備前來的人選姓名、應徵的職務及時間，以便安排接待及準備會議室等相關事宜。

讓人選在與公司接觸的第一時間，感受到企業的「真誠對待」，是尊重求職者的第一步！

2. 給面試者一杯水，很難嗎？

企業好不容易篩選及邀約符合資格的人選進行面談，如果連基本的待客之道都沒有，求職者會對企業重視人才、尊重員工的態度感到質疑。

接待人員或是承辦人員，貼心的提供咖啡、茶或是礦泉水等選項，更能夠讓人選有賓至如歸的親切感，提升求職者對企業的好感度！

3. 亂到不行的面談室，突顯管理缺失

有人選提到面試的經驗：「一進面談室，就想離開」，因為桌面髒汙，椅子凌亂，雜物、紙箱四處堆放，甚至燈具、空調損壞；試問，如果你是求職者，進到這樣的會議室，會是什麼感受？

公司連門面及面談室都打理不好，還能管理好什麼？

4. 主管必須準時出席面談

很多求職者遇過「等待面試」的狀況：約10點面談，主管姍姍來遲，讓人選空等半小時、1小時；甚至，聯絡不到面試官，臨時找其他人「上陣代打」的現象，都曾發生！

求職者滿懷希望、戰戰兢兢的參加面談，結果企業招募作業荒腔走板，這樣的情景，只會讓人選覺得企業「不尊重人才」。

5. 給名片，事前閱讀人選履歷

主管在面談前遞送自己的名片，簡單的自我介紹，有助於人選認識面試官。

此外，許多主管未在面試前，善盡事前詳閱求職者履歷表的基本動作！人選說：「明明履歷上有學歷，還問我哪裡畢業？」「書面內容都有工作經歷，居然問我有沒有相關經驗？」可見，主管根本沒看過我的履歷表。

遇到這樣的面談主管，人選備感挫折，無語問蒼天：「為什麼找我來面談？」

6. 保持對等的心態

這是最難做到的一點！

許多主管，對面試者不友善，頤指氣使、氣勢凌人，並且批評及貶抑求職者的技能與經驗，弄得氣氛尷尬、不歡而散，完全背離「對等溝通」的原則。

要延攬好人才，所有參與面談的人員與主管必須建立正確的心態，也要做好應對進退與面談技巧的培訓與演練。

7. 詳述工作內容與績效要求

企業擔心「找錯人」，人選也怕「選錯東家」，所以在面談時清楚溝通工作的內涵十分重要。

如果求職者誤解工作內容，經常會發生短期離職的現象，讓招募作業功虧一簣，主雇雙方兩敗俱傷；這個悲慘的結局，大多源於面談時的認知落差與溝通失誤。

8. 80%的時間，讓人選表達

有經驗的面試官，會運用結構式及情境的面談法提問；同時，保留70%～80%的時間讓人選表達；在求職者暢所欲言的過程中，觀察及分析工作態度及專業能力。

給予求職者完整的表達時間，是尊重人選的行為！

9. 告知薪資福利及招募進度

求職者找工作，最重視工作內容、薪資福利及工作時間等3項重點；因此，企業HR及面談主管，如果清楚說明這些項目，有助求職者評估投入工作的意願。

另外，人選很在意：「何時能得到結果的回應？」HR或主管應該說明，職缺的招募進度及回覆期限。

10. 尊重人選的提問

結束面談前，一定要保留求職者提問的時間與機會；從人選的問題中，可以看出對於這份工作的興趣及投入工作所關心及在意的事項。

11. 表達感謝，親送至電梯口

接待求職者，要有始有終，結束面談後，要表達感謝人選撥出時間，前來面談的誠意。

不論人選表現如何，能力是否符合企業所需，HR與面談主管都應該客氣的引導求職者離開公司。

親送人選至電梯口是展現招募風範、尊重人才的必要作為，公司不要忽略了這個為招募流程加分的項目。

12. 婉拒錄取通知（sorry letter）讓求職者受寵若驚

未獲錄取的求職者，為了保留顏面，難免批評企業不識千里馬。

然而，卻有很多投遞履歷或是面試失敗的人選，在接獲公司sorry letter後，給予企業正面的評價。

他們認為，公司展現了負責任的態度，能及時、明確的告知資歷不符或面試未通過的結果，同時感謝求職者的青睞與到談。

相較於多數不回應的企業，求職者更能感受到這類公司的專業與尊重！

要做好招募工作，企業經營者、用人主管及HR要做的事情很多，「魔鬼藏在細節裡」，企業要爭搶人才，提升招聘競爭力，刻不容緩。

17-7　DEI（多元、公平、共融）是時代主流

DEI在企業治理的領域備受關注，多元（diversity）、公平（equity）、共融（inclusion）是勞資共存共榮的重要信念；如何尊重、接納多元員工，值得經營者與主管努力實踐。

企業必須理解不同世代的背景與差異，5、6年級生的成功由「社會」定義，而Z世代年輕人則是由「自己」定義；如何因

應職場上班族在工作與生活的平衡思維，持續維持人才與組織的融和互助，以下的現象與建議，提供企業經營者、人力資源夥伴及上班族朋友參考。

1. 年輕世代的信心危機如野火燎原

一位24歲的美國紐約年輕工程師，2021年7月26日，在TikTok（抖音）上的hashtag（主題標籤／關鍵字）「#QuietQuitting」引爆熱議；已有數十億人針對「安靜離職」（quiet quitting）關注與討論，這是個值得省思的重大職場現象！

2021年，中國年輕世代，面對「低薪」、「高房價」與「經濟獨立無望」的困窘，興起了「躺平主義」的思潮，藉由網路社群，快速在亞洲國家如韓國、日本、臺灣的同溫層中蔓延；整個社會與職場，都籠罩在一股「顛覆傳統工作價值觀」的新思潮。

這一代的青年朋友，做出人生中的另類選擇——「躺平」，不買房、不買車、不結婚、不生育、不消費、不追求升職的「六不主義」成為職場上班族，尤其是年輕世代的職場DNA。

在長江後浪推前浪、一代新人換舊人的職場循序中，「躺平主義」及「安靜離職」，顯然已從檯面下躍居職場主流；星星之火，可以燎原，這股風潮，勢必影響人力資源的世代傳承！

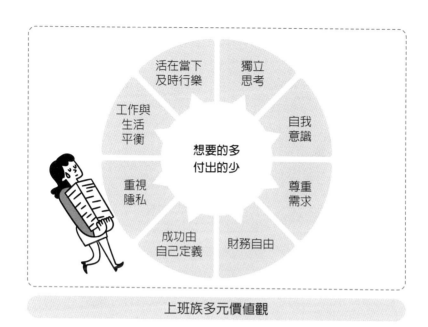

上班族多元價值觀

圖中文字：

活在當下
及時行樂

獨立
思考

工作與
生活
平衡

自我
意識

想要的多
付出的少

重視
隱私

尊重
需求

成功由
自己定義

財務自由

2. 同理心對待新世代，化解衝突與對立

　　40歲以上的職場老鳥所經歷的是一個「努力就會成功」的時代，如果理性看待現在年輕人的處境，在低薪、高物價、高房價的現實壓力下，傳統「五子登科」的理想難圓；在工作與生活的反思中，「安靜離職」（quiet quitting）躍上檯面，這種只做好分內工作的思維，與昔日視工作為重心的理念完全背離。

　　政大商學院教授李瑞華說：「我們常投訴Z世代及千禧世代任性、不好管理！那是因為他們生長在相對富裕的時代，不那麼在乎功利，不願意把時間只花在工作，追求工作與生活的平衡與自我實現，其實，他們更重視時間的價值！」

展現「尊重」、「包容」與「同理心」是與年輕人相處的首要課題，如果主管與職場老鳥，不能站在年輕人的角度看問題，所有培訓與傳承投注的心力，都將化為泡影！

優點	缺點
學習新知識速度快速	抗壓耐挫性不夠
可快速適應不同環境	專注力不足
能夠迅速接收新事物	喜歡抱怨
創新能力強	個人主義高
著重即時回報	對權威不夠尊重
蒐集資料速度快	說離職就離職
可塑性強	在意成果大於付出

資料來源：後浪來襲！掌握帶領Z世代員工的溝通與管理、104學習精靈——對Z世代員工的5個觀察及3個管理建議

新世代族群的優缺點

3. 提升經營價值，規劃「有意義」的工作

「代工思維」及以降低成本（cost down）為獲利模式的做法，已不具競爭優勢；企業要麼創造價值，不然就退出市場，否則一群人每天在紛擾、內耗中無助苦撐，組織文化向下沉淪，最後不論老鳥或是新世代，大家都會被迫「躺平」。

追求工作價值，是現代上班族普遍的認知與覺醒，反應在職場的現象就是「離職率愈來愈高」；自我意識與多元價值強

烈的年輕上班族，如果無法找到工作的意義，終會導致「安靜
離職」，甚至「拂袖而去」！

4. 為員工「加薪」，老闆得到的更多

「企業可以少用人，卻不能不調薪」，面對高強度人才競
爭的賽局，「企業沒有調不調薪的選項，只有因應營運成果決
定調薪多少的問題」。

愈年輕的族群，愈重視薪酬、福利、工作環境及合理制
度：他們期待「付出與所得對等」，加班要給加班費，對於責
任制「不買單」，也不認同傳統「高工時」的職場潛規則。

員工留不住、新人找不進來，除了管理議題，就是薪水太
低；如果雇主發揮同理心，審視當前的通膨、物價及房價，體
會員工如果不多賺點錢，很難在社會中生存的現實，提供合理
的薪酬，用高薪留任員工，你的員工會幫你賺更多錢。

5. 強化溝通互動，取代績效考核

以奇異（GE）為標竿的績效考核制度與常態分配的考績
模式，已逐漸退潮，年輕世代更期待在溝通互動中建立共識：
「倚老賣老」、「強勢領導」、「一言堂」的領導風格已被掃
入歷史的灰燼！

6. 改善工作環境，讓辦公室不像辦公室

「在家工作」、「混合上班」模式蔚為風氣，但是絕大多
數的上班族仍然長時間待在辦公室；改善辦公空間與環境，是

展現僱主關懷的基本措施。發揮創意，設計一個人性化且符合員工滿意的辦公環境，刻不容緩！

7. 企業應多元運用人才，並多給年輕人機會

企業應廣開大門，多元聘僱人才，同時多給年輕人機會，善盡社會責任來培養新世代。

職場老鳥、主管及老闆們不要忘了，曾經也是前輩給我們機會，容忍我們的錯誤，「手把手」的引領我們成長，才有今天的成就。

「取之於社會，用之於社會」，企業要有反哺及回饋的精神，現在該換我們給年輕人機會了！

8. 世代共融，企業做的要比人才多

企業面臨「跨世代」融合的組織挑戰，一家存續20年的公司，可能同時存在4年級至9年級生等6個世代；不同世代的磨合、溝通與傳承，是經驗與知識的傳承，需要尊重、包容也要化解彼此觀念的差異；在異中求同，彼此互補的情況下，創造智慧的火花。

企業展現善意與溫暖，可以化解世代族群對立；讓年輕世代獨立成長、建立自信；我們的社會需要更多激勵的因子，而這些資源掌握在企業的手中。

要促進世代融合，發揮跨世代的綜效與價值，企業還有很大的努力空間。如何順應多元共融的時代趨勢，值得企業投入資源與努力。

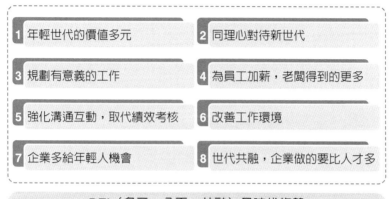

1 年輕世代的價值多元　　**2** 同理心對待新世代

3 規劃有意義的工作　　**4** 為員工加薪，老闆得到的更多

5 強化溝通互動，取代績效考核　　**6** 改善工作環境

7 企業多給年輕人機會　　**8** 世代共融，企業做的要比人才多

DEI（多元、公平、共融）是時代趨勢

省思與研討

1. 為什麼企業有錢也找不到人？
2. 年輕世代找工作，最重視哪些重點？
3. DEI（多元、公平、共融）是時代趨勢，企業與上班族要做好哪些事？

若你正在尋找這輩子最想去專注的事，
必須先認真做完現在的事，

藉由不斷積累成長的故事，
才有機會接受更高難度的挑戰，

而有高難度的挑戰才能
維繫長久的熱情與動力！

國家圖書館出版品預行編目(CIP)資料

關鍵人才導引手冊：企業優質人才培育最佳
教材/晉麗明著. -- 初版. -- 臺北市：五南
圖書山版股份有限公司，2024.07
　　面；　公分
ISBN 978-626-393-517-4(平裝)

1.CST：人力資源管理 2.CST：人才 3.CST：
培養
494.3　　　　　　　　　　　113009637

1FAP

關鍵人才導引手冊
企業優質人才培育最佳教材

作　　　者—晉麗明

企劃主編—侯家嵐

責任編輯—侯家嵐

文字校對—溫小瑩

封面設計—姚孝慈

排版設計—賴玉欣

出　版　者—五南圖書出版股份有限公司

發　行　人—楊榮川

總　經　理—楊士清

總　編　輯—楊秀麗

地　　　址：106台北市大安區和平東路二段339號4樓

電　　　話：(02) 2705-5066

傳　　　真：(02) 2706-6100

網　　　址：https://www.wunan.com.tw

電子郵件：wunan@wunan.com.tw

劃撥帳號：01068953

戶　　　名：五南圖書出版股份有限公司

法律顧問：林勝安律師

出版日期：2024年7月初版一刷

定　　　價：新臺幣460元

經典永恆・名著常在

五十週年的獻禮 —— 經典名著文庫

五南，五十年了，半個世紀，人生旅程的一大半，走過來了。

思索著，邁向百年的未來歷程，能為知識界、文化學術界作些什麼？

在速食文化的生態下，有什麼值得讓人雋永品味的？

歷代經典・當今名著，經過時間的洗禮，千錘百鍊，流傳至今，光芒耀人；

不僅使我們能領悟前人的智慧，同時也增深加廣我們思考的深度與視野。

我們決心投入巨資，有計畫的系統梳選，成立「經典名著文庫」，

希望收入古今中外思想性的、充滿睿智與獨見的經典、名著。

這是一項理想性的、永續性的巨大出版工程。

不在意讀者的眾寡，只考慮它的學術價值，力求完整展現先哲思想的軌跡；

為知識界開啟一片智慧之窗，營造一座百花綻放的世界文明公園，

任君遨遊、取菁吸蜜、嘉惠學子！